Sascha Berger

Simultane Downlink und Uplink Selbstorganisation der Antennenneigungswinkel zur Verbesserung von Datendurchsatz und Netzabdeckung

D1670488

Beiträge aus der Informationstechnik

Mobile Nachrichtenübertragung
Nr. 79

Sascha Berger

Simultane Downlink und Uplink Selbstorganisation der Antennenneigungswinkel zur Verbesserung von Datendurchsatz und Netzabdeckung

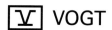 VOGT

Dresden 2015

Bibliografische Information der Deutschen Nationalbibliothek
Die Deutsche Nationalbibliothek verzeichnet diese Publikation in der
Deutschen Nationalbibliografie; detaillierte bibliografische Daten sind im
Internet über http://dnb.dnb.de abrufbar.

Bibliographic Information published by the Deutsche Nationalbibliothek
The Deutsche Nationalbibliothek lists this publication in the Deutsche
Nationalbibliografie; detailed bibliographic data are available on the
Internet at http://dnb.dnb.de.

Zugl.: Dresden, Techn. Univ., Diss., 2015

Die vorliegende Arbeit stimmt mit dem Original der Dissertation
„Simultane Downlink und Uplink Selbstorganisation der
Antennenneigungswinkel zur Verbesserung von Datendurchsatz und
Netzabdeckung" von Sascha Berger überein.

Gesetzt vom Autor

ISBN 978-3-938860-97-7

Jörg Vogt Verlag
Niederwaldstr. 36
01277 Dresden
Germany

Phone: +49-(0)351-31403921
Telefax: +49-(0)351-31403918
e-mail: info@vogtverlag.de
Internet : www.vogtverlag.de

Technische Universität Dresden

Simultane Downlink und Uplink Selbstorganisation der Antennenneigungswinkel zur Verbesserung von Datendurchsatz und Netzabdeckung

Sascha Berger

von der Fakultät Elektrotechnik und Informationstechnik der Technischen Universität Dresden

zur Erlangung des akademischen Grades

Doktoringenieur

(Dr.-Ing.)

genehmigte Dissertation

Vorsitzender:	Prof. Dr.-Ing. Dr. h.c. Frank Fitzek
Gutachter:	Prof. Dr.-Ing. Dr. h.c. Gerhard P. Fettweis
	Prof. Dr.-Ing. Andreas Mitschele-Thiel

Tag der Einreichung: 06. Juli 2015
Tag der Verteidigung: 22. September 2015

Kurzfassung

Aufgrund des steigenden Datenbedarfs und der zunehmenden Komplexität in aktuellen Mobilfunknetzen suchen Forscher nicht nur nach Ansätzen für neue Technologien sondern betrachten die Erhöhung der Effizienz bestehender Technologien bzw. bereits installierter Infrastruktur ebenfalls als einen vielversprechenden Ansatz um die Mobilfunknetze auf die Herausforderungen der Zukunft vorzubereiten. In diesem Hinblick fokussiert sich diese Arbeit auf das Forschungsfeld der Selbstorganisation der Mobilfunknetze.

Im ersten Teil der Arbeit präsentieren wir ein allgemeines Konzept zur simultanen Selbstorganisation mehrerer Leistungskennzahlen unter der Bedingung, dass nur wenig Wissen über das Mobilfunknetz vorhanden ist. Wir stufen das vorhandene Wissen als gering ein, sobald es nicht möglich ist die betrachteten Leistungskennzahlen für eine bestimmte Einstellung der Netzparameter mittels der Modellierung des Systems in einer Simulation vorherzusagen. Für die Betreiber der Mobilfunknetze sind Algorithmen, welche nur ein geringes Wissen über das Mobilfunknetz erfordern, von Interesse, da die Beschaffung des nötigen Systemwissens oftmals hohe technische und finanzielle Aufwendungen mit sich bringt. Wie in der Arbeit erörtert wird, bedarf die Selbstorganisation unter geringem Systemwissen jedoch speziellen Lösungen, deren Anforderungen das vorgeschlagene Konzept gerecht wird.

Im zweiten Teil dieser Arbeit verwenden wir das vorgeschlagene Konzept, um Algorithmen für den Anwendungsfall der simultanen Selbstorganisation der Netzabdeckung und des Datendurchsatzes vorzuschlagen. Dabei betrachten wir die Aufwärts- und Abwärtsübertragungsstrecke gleichzeitig, was aufgrund der steigenden Wichtigkeit der Aufwärtsübertragungsstrecke von praktischen belangen ist. Wir untersuchen die Leistungsfähigkeit der Algorithmen in einer Simulation eines innerstädtischen Long-Term Evolution Mobilfunknetzes mit realen Basisstationslokalitäten und diskutieren Aspekte der praktischen Anwendbarkeit der Algorithmen. Weiterhin vergleichen wir die Ergebnisse mit Algorithmen, welche ausschließlich die Aufwärts- oder Abwärtsübertragungsstrecke bedenken, und mit Algorithmen, welche zur

Ausführung ein hohes Maß an Systemwissen erfordern.

Im dritten Teil der Arbeit adressieren wir das Problem eins großen Dynamikbereichs der Empfangsleistungen an den Basisstationen des Long-Term Evolution Systems. Wir legen dar, warum ein großer Dynamikbereich der Empfangsleistungen an der Basisstationen die Netzgüte der Aufwärtsübertragungsstrecke am Zellrand verschlechtert und schätzen den maximal möglichen Dynamikbereich der Empfangsleistungen ab, bei welcher die Netzgüte am Zellrand noch nicht in Mitleidenschaft gezogen wird. Wir schlagen vor, den Dynamikbereich der Empfangsleistungen an den Basisstationen mittels der Sendeleistungsreglung der Aufwärtsübertragungsstrecke zu limitieren. Dafür leiten wir einen mathematischen Zusammenhang zwischen dem Dynamikbereich der Empfangsleistungen und Parametern der Sendeleistungsreglung her und verwenden diesen, um die zuvor vorgeschlagenen Algorithmen um den Aspekt zu erweitern, dass sie den Dynamikbereich der Empfangsleistungen an den Basisstationen unter einem gewissen Maximum halten.

Abstract

Driven by an increasing traffic demand and a growing complexity in no-wadays cellular networks, researchers are not only seeking approaches for new technologies but are also trying to increase the efficiency of the infra-structure that is already deployed. In this regard, this work focuses on the self-organization of cellular networks.

In the first part of this work, we are presenting a general concept for the simultaneous self-organization of multiple key performance indicators under the condition that there is only sparse system knowledge available. We consi-der the available knowledge to be sparse if we are not able to predict the key performance indicators for a given configuration of the network parameters by modelling the network in a simulation. From an operator's perspective, algorithms which are working under sparse system knowledge conditions are desirable as the collection of knowledge about the network state can be a great technical and financial effort. However, self-organizing the network under sparse system knowledge conditions requires tailored solutions which are addressed by the concept proposed.

Second, we are applying the aforementioned approach for solving the use case of the simultaneous self-organization of coverage and capacity. In this regard, we are proposing algorithms which consider the downlink and uplink transmission simultaneously. Considering the downlink and uplink simulta-neously is crucial as the uplink transmission is becoming more and more important. We are investigating the performance of the algorithms proposed in a dense urban scenario with real Long-Term Evolution base station loca-tions and discuss aspects of the practical implementation. Furthermore, we compare the results obtained with the performance of algorithms which con-sider the uplink or downlink solely and to algorithms which require extensive system knowledge.

In the third part of this thesis, we elaborate on the problem of large uplink dynamic receive power ranges for the Long-Term Evolution system. We ex-plain why a large uplink dynamic receive power range causes a quality of service degradation for cell edge users in the uplink and estimate the maximal uplink dynamic receive power range at which there is just no degradation. We propose using the uplink transmit power control in order to upper limit the uplink dynamic receive power range. For this purpose, we derive a mathematical relationship between the uplink dynamic receive power range and parameters of the uplink transmit power control and use this relationship to expand the abilities of the previously presented algorithms by the capability of limiting the uplink dynamic receive power range.

Danksagung

Während der Erarbeitung der Inhalte dieser Arbeit sowie im Laufe deren Erstellung konnte ich mich auf die Unterstützung von einigen Personen verlassen, welchen ich hiermit meine Dankbarkeit zum Ausdruck bringen möchte. Besonders dankbar bin ich gegenüber meinem Doktorvater Gerhard Fettweis. Ich möchte mich dafür bedanken, dass er mir die Möglichkeit gegeben hat, mich in seinem Team neuen Herausforderungen zu stellen, durch deren Bewältigung ich mich nicht nur auf beruflicher sondern auch auf menschlicher Ebene weiterentwickeln konnte. Vielen Dank auch für die beständige wissenschaftliche Unterstützung, welche unerlässlich für diese Arbeit war.

Weiterhin gilt besonderer Dank meinen Gruppenleitern Albrecht Fehske und Meryem Simsek für deren wertvolle akademische Ratschläge und die ehrlichen, zielführenden Diskussionen. Ebenfalls möchte ich mich bei meinen Kollegen und Freunden - Alexandros, Armin, Björn, Böhmi, Daniel, David, Henrik, Jens, Maciej, Martin und Vinay - für deren Unterstützung auf fachlicher sowie privater Ebene herzlich bedanken.

Eine herausragende Stellung in jeglicher Hinsicht nimmt meine Familie ein, die mir in allen Phasen dieser Arbeit Beistand geleitet hat und ein wertvoller Rückhalt war. Sie haben mir jederzeit mit wertvollem Rat zur Seite gestanden und es geschafft mich auch in schwierigen Zeiten zu motivieren. Ihnen gilt mein tiefer Dank.

Dresden, Juni 2015 Sascha Berger

Inhaltsverzeichnis

Einleitung

1.1 Einführung in Selbstorganisierende Mobilfunknetzwerke

Ein wesentliches Problem für heutige und zukünftige Mobilfunknetzwerke (Netze) ist, dass der zu deckende Datenverkehr stark inhomogen verteilt ist. Oftmals ist ein großer Teil der Nutzer in relativ kleinen Gebieten, wie zentralen Plätzen oder Straßenzügen, konzentriert (siehe z.B. [Don+14; Lou+14]). Solche Nutzerkonzentrationen, genannt Hot Spots (HSs), können leicht zu lokaler Überlast im Netz führen, was die Dienstgüte der betroffenen Nutzer verringert. Weiterhin unterliegen die Netze starken Dynamiken, welche z.B. durch die sich ändernden Lokalitäten der Nutzer, durch sich ändernde Signalausbreitungsbedingungen (z.B. durch Bebauung) oder durch Ausfälle von Basisstationen (BSs) verursacht werden (siehe z.B. [PSJ03] für sich ändernde Nutzerlokalitäten und [FH11; MVM02] für Statistiken zu Ausfällen von BSs). Die Kombination aus den stark inhomogenen Nutzerverteilungen und den erwähnten Dynamiken führt dazu, dass aktuelle Netze sehr ineffizient sind[1]. Ein weiteres wesentliches Problem heutiger und zukünftiger Netze ist deren steigende Komplexität. Ein Anstieg der Komplexität ist zu verzeichnen, da (i) die Netzbetreiber bzw. Operatoren immer mehr verschiedene Technologien (z.B. GSM (Global System for Mobile Communications), UMTS (Universal Mobile Telecommunications System) und LTE (Long Term Evolution)) in Ihre Netze integrieren und weil (ii) sie die Netze in mehreren Schichten aufbauen (z.B. Makro- und Mikroschicht)[Qua11; Eri14]. Ein vielversprechender Lösungsansatz zur Erhöhung der Effizienz und zur Beherrschung der hohen Komplexität der Netze ist deren Selbstorganisation. Ein selbstorganisiertes Netz (SON) passt seine Netzparameter automatisch den derzeitigen oder sich ändernden Gegebenheiten, wie z.B. der Nutzerverteilung, an, um die Dienstgüte zu erhalten oder zu verbessern. Aufgrund der Automatisierung der Anpassung der Netzparameter kann ein SON ebenfalls operative Kosten und Anlagekosten verringern [BG08]. Basierend auf einer

---

[1]Ineffizient in dem Sinne, dass mit der gegebenen Infrastruktur bei bestmöglicher Konfiguration eine wesentlich bessere Dienstgüte erreicht werden könnte.

Studie, welche die Auswirkungen eines SON in einem realen Netz über eine Zeitdauer von fünf Jahren modelliert, kann man von der Selbstorganisation eines LTE Netzes eine Kostenersparnis von 26% erwarten, welche sich durch Einsparungen um 34% in den operativen Kosten und 21% in den Anlagekosten ergibt [Gab+11]. Ein SON wurde zur Lösung der oben genannten Probleme zuerst von der Next Generation Mobile Networks (NGMN) Allianz in einer Reihe von Dokumenten vorgeschlagen [NGM07; NGM08; NGM10]. Diese Dokumente konnten erfolgreich Einfluss auf das Konsortium des 3rd Generation Partnership Programm (3GPP) nehmen, so dass die Selbstorganisation in [3GP14e; 3GP14f; 3GP14b; 3GP11] für LTE standardisiert wurde. SON Ansätze können im generellen in vier Kategorien eingeteilt werden [NGM07; RH12][2]. In der Kategorie der *Selbst-Planung* (engl. self-planning) werden die Eigenschaften neuer BSs bestimmt, was z.B. die Bestimmung der Lokalität und die Spezifikation der Hardwarekonfiguration neuer BSs umfassen kann. Die Kategorie *Selbst-Ausbau* (engl. self-deployment) umfasst die automatisierte Einstellung, Installation und Authentifikation neuer BSs, so dass diese mit minimalen Aufwand in Betrieb genommen werden können. In der Kategorie der *Selbstheilung* (engl. self-healing [RH12] oder self-maintenance [NGM07]) werden Probleme im Netz automatisch erkannt und behoben sowie Routinemaßnahmen zur Erhaltung der Funktionsfähigkeit des Netzes durchgeführt. Ein typischer Anwendungsfall dieser Kategorie ist die Detektion und Kompensation von Basisstationsausfällen. In der Kategorie der *Selbstoptimierung* (engl. self-optimization) werden Messungen von den Endgeräten und den BSs dazu verwendet das Netz mittels Anpassung von Netzparametern automatisch optimal zu betreiben. Anwendungsfälle in diesem Gebiet sind z.B. die gemeinsame Netzabdeckungs- und Datendurchsatzoptimierung, die Energieeffizienzoptimierung und die Optimierung der Mobilitätsstabilität (engl. mobility robutness optimization).

Abgesehen von den erwähnten Kategorien der Anwendung kann ein SON weiterhin durch

- die Wahl des betrachteten Anwendungsfalls bzw. durch die Wahl der betrachteten Leistungskennzahlen (LKZs, engl. key performance indicators),
- die Wahl der veränderlichen Netzparameter,
- der verwendeten Architektur,

---

[2]Wir möchten darauf hinweisen, dass entgegen der hier zitierten Arbeiten [Ber+08] nur die drei Kategorien Selbstoptimierung, Selbstkonfiguration und Selbstheilung definiert.

- der verwendeten Methode zum Finden neuer Einstellungen der Netzparameter, sowie durch

- den verwendeten Operationsmodus

charakterisiert werden. Um diese Einleitung kurz und übersichtlich zu halten führen wir diese Eigenschaften von SONs erst genauer im Kapitel 2 ein. Abgesehen von den Algorithmen selbst, die es zu erforschen gilt, gibt es jedoch noch weitere Herausforderungen, welche zu meistern sind, um ein SON einzuführen. Dies sind unter Anderem (i) ein fehlender Anreiz für die Hersteller der BSs ihre Produkte für SON Funktionen Dritter zu öffnen, (ii) eine nötige Standardisierung für Herstellerübergreifende SON Funktionalitäten, und (iii) der zu findende Kompromiss zwischen einer Steigerung der Netzqualität und des Datenschutzes der Nutzer [GD10].

In den letzten Jahren spielte das Forschungsthema SON eine zentrale Rolle in Forschungs- und Entwicklungsprojekten der Europäischen Union (EU). Die Projekte Gandalf, E^3, SOCRATES, 4WARD, FUTON, UniverSelf und andere trugen wesentlich zum Verständnis von SONs bei und erforschten bereits spezielle Lösungen für einige Anwendungsfälle. Erste SON Funktionalitäten sind bereits öffentlich verfügbar. Ein Beispiel dafür ist der für LTE standardisierte Anwendungsfall „Automatic Neighbour Relations" (ANR). Im Hinblick darauf, was die Industrie von einem SON erwartet sind diese Ergebnisse jedoch eher als vielversprechende Konzeptnachweise zu sehen und können nicht als Anzeichen einer schnellen Erforschung und Implementierung umfassender SON Funktionalitäten angesehen werden.

Diese Arbeit fokussiert sich auf den SON Anwendungsfall der simultanen Optimierung der Netzabdeckung und des Datendurchsatzes (OND, engl. coverage and capacity optimization, CCO), welcher der Kategorie der Selbstoptimierung angehört. Gründe dafür sind, dass (i) diese LKZs typischerweise eine sehr hohe Priorität bei Netzbetreibern haben und dass (ii) beide LKZs einander konträr sind (siehe z.B. [Ham+03] für UMTS), was es schwierig macht einen optimalen Kompromiss zwischen beiden LKZs zu erzielen. Für die OND passen wir die Antennenneigungswinkel an, da sich dieser Parameter einerseits in bisherigen Veröffentlichungen als effizient erwiesen hat [Kif+; AJ10] und sich andererseits mittels aktueller Antennentechnologie verhältnismäßig einfach verändern lässt [KG00]. Der Einfachheit halber werden wir den Antennenneigungswinkel im Folgenden nur noch kurz als Neigung oder Antennenneigung bezeichnen. Aufgrund der hohen Komplexität der Netze ist eine OND im Sinne einer optimalen Neigungseinstellung nicht möglich.

Bereits in einem Szenario mit 50 Antennen und 10 möglichen Neigungen pro Antenne ergeben sich 10^{50} mögliche Einstellungen, was in etwa der Anzahl der Atome auf der Erde entspricht [Wei14]. Daher verfolgen wir in dieser Arbeit das Ziel für beide LKZs operatorspezifische minimale Werte zu erreichen und nicht das globale Optimum zu finden. Dementsprechend werden wir im Folgenden die OND als Selbstorganisation der Netzabdeckung und des Datendurchsatzes (SND) bezeichnen, da der Begriff der Optimierung nicht exakt zutreffend ist.

Im Folgenden geben wir einen Überblick auf bisherige Arbeiten zum Feld der SND.

1.2 Heutige Ansätze

Da das Forschungsfeld SON in den letzten Jahren ein Fokus der Forschung in Industrie und Wissenschaft war, ist die Zahl der Veröffentlichungen in diesem Feld groß. Aus diesem Grund beschränken wir uns darauf einen Überblick über den Stand der Technik in der neigungsbasierten SND zu geben. Bisherige Beiträge können im wesentlichen in drei Kategorien eingeteilt werden.

Eine erste Kategorie bilden die Veröffentlichungen [IMT12a; IMT12b; RKC10; Tha+12][3], welche Methoden des bestärkenden Lernens (engl. reinforcement learning) verwenden. Die ersten drei Publikationen verwenden einen Q-Learning Ansatz des bestärkenden Lernens, während Thampi et al. einen sparse sampling Zugang verwenden. Das Ziel beider Ansätze ist es schrittweise zu erlernen, was die beste Maßnahme für einen bestimmten Systemzustand ist. Dafür müssen dem lernenden System, welcher Agent genannt wird, Maßnahmen und Systemzustände klar definiert sein. Vorteil des bestärkenden Lernens ist, dass im allgemeinen keine Vorkenntnisse über das Verhalten des Netzes bei Veränderung der betrachteten Netzparameter bekannt sein müssen. Nachteil dieser Methode ist, dass die Konvergenz zu einem finalen Zustand oft nicht gewährleistet werden kann, wenn mehrere Agenten zugleich lernen sollen. Weiterhin müssen die Parametereinstellungen typischerweise sehr genau vorgenommen werden und sind applikationsabhängig. Dies bedeutet, dass die Parametereinstellungen für jede Anwendung neu gefunden werden müssen.

---

[3]In [Tha+12] handelt es sich nur um eine Netzabdeckungsoptimierung.

Die Beiträge [Eng+13; Kar+13a; Kle+12; SVY06; Kar+13c; Ger+04][4] können zu einer weiteren Kategorie zusammengefasst werden. Diese Kategorie verwendet entweder klassische Optimierungsmethoden oder regelbasierte Methoden, um die Netzabdeckung und den Datendurchsatz gleichzeitig zu optimieren. Beispielsweise verwenden Engels et al. in [Eng+13] unter anderem einen verkehrsampelbasierten Regelansatz oder Karvounas et al. in [Kar+13a] die Optimierungsmethode Simulated Annealing. Weiterhin haben Beiträge dieser Kategorie die Gemeinsamkeit, dass sie davon ausgehen, dass die vorgeschlagenen Methoden zur Suche neuer Einstellungen der Neigungen in einer *offline* Simulation durchgeführt werden. Das heißt, dass die Veränderung der Neigungen während der Durchführung der jeweiligen Methoden zunächst nicht im realen Netz von statten gehen, sondern in einer Simulation des Netzes. Nur die Einstellung der Neigungen, welche in der Simulation das Ergebnis war, wird danach im realen Netz angewandt. Dieser Ansatz ist sehr effizient, erfordert jedoch eine exakte Simulation des realen Netzes. Damit dies möglich ist, benötigt der Netzbetreiber ein exaktes Systemmodel, welches wiederum Wissen über das zu modellierende Netz erfordert. So sind beispielsweise die Standorte aller Nutzer als auch deren Empfangsleistungen für sämtliche zu betrachtende Antennen und Neigungen benötigt (siehe z.B. die folgenden Modelle für Simulationen auf Netzebene: [VDL09; VLS10; FF12]). Sind diese Informationen, welche wir als umfangreich einschätzen, nicht verfügbar, so können die vorgeschlagenen SON Funktionalitäten nicht verwendet werden, da die offline Simulation nicht durchgeführt werden kann. Mehr Details zur offline Selbstorganisation werden in Kapitel 2 dargestellt und können in [Ber+14a] gefunden werden.

Eine weitere Kategorie kann durch Beiträge geformt werden, deren SON Funktionalitäten das betrachtete Netz nicht in einer Simulation abbilden müssen und gleichzeitig keine Lernmethoden, wie das bestärkende Lernen, verwenden. Da das Netz nicht in einer Simulation abgebildet werden muss, können solche SON Funktionalitäten oftmals mit wenig Wissen über das Netz arbeiten; z.B. ist es nicht nötig die Standorte der Nutzer oder deren Empfangsleistungen für sämtliche zu betrachtende Antennen und Neigungen zu kennen. Solche SON Funktionalitäten wenden jede ihrer vorgeschlagenen Einstellungen der Neigungen im realen Netz an und bestimmen daraufhin die Werte der betrachteten LKZs über Messungen. Nötig sind daher nur grund-

---

[4][Kle+12; SVY06] optimieren die Netzabdeckung und die Zelllasten; [Kar+13c] bedenkt neben der Netzabdeckung und dem Datendurchsatz auch noch den Energiebedarf des Netzes.

legende Informationen und Fähigkeiten, wie (i) eine Liste der BSs, die sich selbstorganisieren sollen, (ii) deren mögliche Neigungen und (iii) die Fähigkeit die betrachteten LKZs direkt oder indirekt zu Messen[5]. Diesen Ansatz der SND bezeichnen wir als *online* Selbstorganisation. Abgesehen von unseren bisherigen Beiträgen [Ber+14a; Ber+14d; Ber+13a; Ber+15] konnten wir nur zwei weitere Veröffentlichungen in dieser Kategorie finden: [EKG11; Rev12]. Beide Veröffentlichungen schlagen SON Funktionalitäten vor, welche keine Simulation des Netzes benötigen. Daher suchen beide Beiträge nach neuen Einstellungen für die Neigungen in der Nähe der aktuellen Einstellung, da sie keine dramatischen Verschlechterungen der LKZs in diesem Bereich erwarten. Die letztere Veröffentlichung schlägt eine regelbasierte Selbstorganisation vor, während der erstere Beitrag einen „Coordinate Ascent" Ansatz verwendet. Nachteil des Beitrags von Eckhardt et al. [EKG11] ist, dass die Netzabdeckung nicht explizit betrachtet und Anstelle des Datendurchsatzes die spektrale Effizienz optimiert wird. Ein weiterer Nachteil beider Beiträge ist, dass sie nicht analysieren inwiefern die vorgeschlagenen SON Funktionalitäten für eine online Selbstorganisation angemessen sind. Zudem lässt [Rev12] weite Teile der vorgeschlagenen Suchmethode unerklärt. Allgemeiner Vorteil dieser Kategorie der SND ist, dass wenige Informationen über das Netz verfügbar sein müssen. Zu beachten ist, dass das Sammeln von Informationen über das Netz, wie die Standorte der Nutzer oder deren Empfangsleistungen von allen betrachteten Antennen und für alle Neigungen, zumeist hoher technischer und / oder finanzieller Aufwendungen bedarf, da dafür typischerweise spezielle Messsysteme entweder auf Seite der Endgeräte oder der Seite des Netzes verwendet werden müssen. Daher haben SON Funktionalitäten dieser Kategorie eine hohe Anwendbarkeit und vergleichbar geringe technische und finanzielle Voraussetzungen. Nachteile entstehen durch die online Selbstorganisation. Da jede Einstellung der Neigungen im realen Netz angewandt wird, kann es zeitweilig zur Verschlechterung der LKZs kommen. Weiterhin dauert die Selbstorganisation länger, da nach einer Veränderung der Einstellung der Neigungen die neuen LKZs zunächst über Messungen bestimmt werden müssen. Oszillationen oder Instabilitäten können im allgemeinen bei allen drei erwähnten Kategorien auftreten.

Im folgenden Abschnitt fassen wir die Beschränkungen des Stands der Technik zusammen und leiten daraus den Fokus dieser Dissertation ab.

---

[5]Wir setzen voraus, dass die BSs wie in Abb. 2.1 dargestellt, miteinander als auch mit dem zentralen Bereichs- und Netzwerkmanagement kommunizieren können.

1.3 Beschränkungen Heutiger Ansätze

Abgesehen von unseren eigenen Beiträgen ([Ber+14a; Ber+14d; Ber+13a; Ber+15]) gibt es bisher wenige Veröffentlichungen welche SON Funktionalitäten zur SND vorschlagen, die weder eine Simulation des betrachteten Netzes verwenden noch auf Lernmethoden basieren (dritte Kategorie in Abschnitt 1.2). Jedoch sind Beiträge in diesem Feld von starkem Interesse, da, wie bereits erwähnt, der Verzicht auf eine Simulation des Netzes damit einhergeht, dass den SON Funktionalitäten nur wenige Informationen über das Netz zur Verfügung stehen müssen, damit sie verwendet werden können. Dies wiederum hat zur Folge, dass solche SON Funktionalitäten mit einem vergleichbar geringem finanziellen und technischen Aufwand realisiert werden können, was ihre Erforschung attraktiv macht.

Wir betrachten existierende Arbeiten im Feld der neigungsbasierten SND, welche weder eine Simulation des betrachteten Netzes verwenden noch auf Lernmethoden basieren, als gute Ansätze, jedoch fokussieren sie sich nicht direkt auf die neigungsbasierte SND und / oder sind ihre Methoden nicht klar dargestellt. Zudem untersuchen bestehende Beiträge ihre vorgeschlagenen Suchmethoden nicht auf die Tauglichkeit für eine online Selbstorganisation. Weiterhin sind die nötigen Messungen nicht diskutiert, zeitliche Granularitäten nicht bestimmt und die teils unterschiedlichen Prioritäten der Operatoren an die LKZs nicht berücksichtigt.

Außerdem ist festzustellen, dass alle zitierten Veröffentlichungen ausschließlich die Abwärtsübertragung (DL, da engl. downlink) betrachten. Nach unserem besten Wissen, gibt es keinerlei veröffentlichte Arbeiten, welche eine SND gemeinsam im DL und in der Aufwärtsübertragung (UL, da engl. uplink) durchführen. Grund für dieses Ungleichgewicht ist, dass bis dato der DL als wichtiger angesehen wird, weil dessen Verkehrsbedarf wesentlich höher war und ist als der im UL [Nok13; Ele14]. Allerdings ist es zu erwarten, dass der UL in Zukunft an Bedeutung gewinnen wird. Der Grund dafür sind neue Applikationen und Dienstleistungen wie Videotelefonie, Sensornetzwerke, soziale Onlinedienste und Cloud-Speichernetzwerke, welche entweder eine DL/UL Parität oder sogar mehr Datenverkehr im UL als im DL erfordern. Daher sollten bei einer SND der DL als auch der UL betrachtet werden.

Aufgrund dieser Beschränkungen des Stands der Technik fokussiert sich diese Dissertation auf die neigungsbasierte simultane DL und UL SND unter der

Bedingung, dass das Netz nicht simuliert werden kann[6].

Im Folgenden umreißen wir die wesentlichen Beiträge dieser Dissertation.

1.4 Wesentliche Beiträge dieser Dissertation

Ein wesentlicher Beitrag dieser Dissertation ist ein Konzept zur simultanen Selbstorganisation von mehreren Leistungskennzahlen (siehe Kapitel 3) unter der Bedingung, dass das Verhalten des Netzes nicht simuliert werden kann, d.h. dass die LKZs nicht mittels eines Systemmodels berechnet werden können. Das vorgeschlagene Konzept ist allgemeingültig in dem Sinne, dass es nicht spezifisch für bestimmte LKZs oder Netzparameter ist. Die essentiellen Eigenschaften des Konzepts sind die folgenden:

- Das SON wird online betrieben, d.h., dass jede von der verwendeten Suchmethode vorgeschlagene Einstellung der Netzparameter im realen Netz angewandt wird. Bevor das SON die nächste Einstellung der Netzparameter vorschlägt, werden die neuen Werte der LKZs über Messungen bestimmt.

- Das SON verwendet LKZ-spezifische Kostenfunktionen, welche die Selbstorganisationsziele des Operators darstellen. Dadurch können jeder LKZ Kosten zugeordnet werden, welche den Bedarf einer Verbesserung des Wertes dieser LKZ repräsentieren. Durch das Aufsummieren aller Kosten wird ein Leistungsmaß erstellt, welche sämtliche betrachtete LKZs bedenkt.

- Dieses ganzheitliche Leistungsmaß wird mittels der „Coordinate Descent" (CD) Methode verringert. Da die CD Methode nur einen Netzparameter pro Iteration verändert und wir nur kleine Schritte zulassen werden, ist sichergestellt, dass die Methode adäquat für eine online Selbstorganisation ist.

Ein weiterer wesentlicher Beitrag dieser Arbeit ist, dass wir auf Grundlage des zuvor erwähnten Konzepts erstmalig Algorithmen zur simultanen DL und UL neigungsbasierten SND vorschlagen und untersuchen (siehe Kapitel 4). Wir betrachten den DL und UL simultan, da beide Übertragungsstrecken von

---

[6]Das heißt, dass die LKZs für eine beliebige Einstellung der Neigungen nicht mittels eines Systemmodels berechnet bzw. vorausgesagt werden können.

hoher Wichtigkeit sind und eine Verbesserung der LKZs im DL nicht zwangsweise zu einer Verbesserung der LKZs im UL führen muss. Diese Dissertation präsentiert die zu erforschenden Algorithmen, evaluiert deren Leistungsfähigkeit in einer Simulation eines realen städtischen LTE-Netzes und diskutiert deren praktische Anwendbarkeit, mögliche zeitliche Granularitäten, sowie deren Eignung als online Selbstorganisation. Weiterhin vergleicht diese Arbeit die vorgeschlagenen Algorithmen mit dem Stand der Technik. Dafür wird ein offline Algorithmus, welcher die probabilistische Methode „Simulated Annealing" (SA) benutzt, verwendet. Wir möchten darauf hinweisen, dass sich diese Dissertation eher auf SON Funktionalitäten fokussiert, welche eine hohe Anwendbarkeit in der Praxis aufweisen, als auf SON Funktionalitäten, welche zwar nahezu das globale Optimum erreichen, jedoch nur unter hohen Anforderungen (z.B. müssen oftmals die Positionen der Nutzer und dessen Empfangsleistungen bekannt sein) in der Praxis zu realisieren sind.

Durch die Veränderung der Neigung verändert sich ebenfalls der Dynamikbereich der UL Empfangsleistungen (im Folgenden kurz UL Dynamikbereich) an der BS. Aufgrund dieses Zusammenhangs bearbeitet diese Dissertation auch das Thema des UL Dynamikbereiches. Die essentiellen Beiträge zu diesem Feld sind, dass wir das Problem eines zu hohen UL Dynamikbereiches erörtern, eine obere Schranke für den UL Dynamikbereich abschätzen und eine mathematische Gleichung für den UL Dynamikbereich einer BS als Funktion der Parameter der LTE Sendeleistungsreglung herleiten. Auf Grundlage dieser Gleichung können wir einen geschlossenen Operationsbereich für die Parameter der LTE Sendeleistungsreglung ableiten und die zuvor erforschten Algorithmen um eine Funktion erweitern, welche den UL Dynamikbereich der BSs nach oben beschränkt.

Um Missverständnissen vorzubeugen weisen wir bereits an dieser Stelle darauf hin, dass die SON Algorithmen, welche in dieser Arbeit vorgeschlagen werden (siehe Kapitel 4), besonders dafür geeignet sind auf langfristige Änderungen im Netz, welche über Wochen oder Monate entstehen, zu reagieren. Kurzfristige Änderungen im Verlauf eines Tages, wie z.B. ein zeitlich beschränkter, jedoch starker Anstieg des Datenverkehrs aufgrund einer Sportveranstaltung, können von den in Kapitel 4 vorgeschlagenen Algorithmen nur kompensiert werden, wenn deren minimal mögliche zeitliche Granularität deutlich unter einer Stunde liegt.

Stand der Technik und Motivation | 2

In diesem Kapitel möchten wir zunächst genauer auf die Eigenschaften von SONs eingehen (Abschnitt 2.1) und danach einen Überblick über die Operationsmodi der Algorithmen im Feld der neigungsbasierten SND (Abschnitt 2.2) geben. Vor diesem Hintergrund möchten wir diese Arbeit noch einmal klar motivieren (Abschnitt 2.3) und darstellen, welche Algorithmen wir aus dem Stand der Technik als Referenz für diese Arbeit auswählen (Abschnitt 2.4).

2.1 Eigenschaften von Selbstorganisierten Netzen

In diesem Abschnitt geben wir einen Überblick über wichtige Eigenschaften von SONs. Dabei betrachten wir jede Eigenschaft zunächst unabhängig vom Anwendungsfall und gehen danach jeweils genauer auf den Anwendungsfall der neigungsbasierten SND ein.

2.1.1 Betrachteter Anwendungsfall

Wie in Kapitel 1 bereits erwähnt, können die Anwendungsfälle (engl. use cases) für SONs in die Kategorien

- Selbst-Planung,
  (Anwendungsfälle: Planung der Lokalität einer neuen BS, Planung neuer Transportparameter für eine neue BS, etc.)
- Selbst-Ausbau / Selbst-Einrichtung,
  (Anwendungsfälle: Automatische Nachbarschaftslisten, Netzwerkauthentifikation und initiale Konfiguration, Selbsttest, etc.)
- Selbst-Wartung / Selbst-Heilung und
  (Anwendungsfälle: Software Aktualisierung, Störungserkennung, Störungsbeseitigung, etc.)

- Selbst-Optimierung
  (Anwendungsfälle: SND, Energieeinsparung, Lastenausgleich, Minimierung der Fehlerrate, Interferenzminimierung, Optimierung der Nachbarschaftslisten, etc.)

eingeteilt werden [NGM07; RH12]. In jede Kategorie fallen eine Vielzahl von Anwendungsfälle, von welchen wir einige oben auflisten. In dieser Dissertation werden wir uns in der Kategorie der Selbst-Optimierung auf den Anwendungsfall der SND fokussieren. Wie bereits erwähnt, stellt die SND einen wichtigen Anwendungsfall dar, da die LKZs Netzabdeckung und Datendurchsatz typischerweise eine hohe Priorität bei Netzbetreibern haben, es jedoch herausfordernd ist beide LKZs simultan zu optimieren, da sie einander konträr sind [Ham+03]. Ein weiterer wichtiger Anwendungsfall innerhalb der Selbst-Optimierung ist die Energieeinsparung. In diesem Anwendungsfall minimieren die Netzbetreiber den Energieverbrauch ihrer Netze unter der Bedingung, dass bestimmte Mindestanforderungen an das Netz, wie z.B. das Vermeiden hoher Zelllasten, erfüllt werden (siehe z.B. [Feh+14]). Ein weiterer wichtiger Anwendungsfall ist der Lastenausgleich. Die Last einer Mobilfunkzelle ist eine wichtige LKZ, da sie ein Maß dafür ist, wie groß der Bruchteil der in der Zelle verwendeten Ressourcen ist. Ist die Last einer Zelle hoch, d.h. wenn die Zelle nur noch wenige freie Ressourcen hat, so können neuen oder bereits vorhandenen Nutzern ggf. nicht genügend Ressourcen zugewiesen werden, um ihnen eine adäquate Servicequalität zu gewährleisten. Daher ist es wichtig, die Lasten der Zellen untereinander zu balancieren und hohe Lasten zu vermeiden (siehe z.B. [Kle+12]). Der Anwendungsfall der Interferenzminimierung (oder auch oft als Interferenzkoordination bezeichnet) ist besonders für urbane Netze mit viel Interferenz zwischen den Basisstationen wichtig (siehe z.B. [Deb+14]) während eine Optimierung der Nachbarschaftslisten die Übergabe der Nutzer zwischen Zellen optimieren kann (siehe z.B. [Hua+09]).

Je nach betrachteten Anwendungsfall eignen sich verschiedene Netzparameter für die Selbstorganisation [Sch+08a]. Einen Überblick über typische Netzparameter geben wir im nächsten Abschnitt.

2.1.2 Verwendete Netzparameter

Für die Selbstorganisation von Netzen können eine Vielzahl von Netzparametern verwendet werden, wobei, wie zuvor erwähnt, die Wahl der veränderlichen Netzparameter von den betrachteten Leistungskennzahlen abhängig gemacht werden sollte, um optimale Ergebnisse zu erzielen. In der Literatur gibt es bereits mehrere Veröffentlichungen, welche für verschiedene Anwendungsfälle spezifische Netzparameter vorschlagen (siehe z.b. [Sch+08a; 3GP11; Ber+08; FS08]). Im Bereich der Selbstoptimierung sind die folgenden Netzparameter typisch: Antennenneigung, Antennenazimut, Sendeleistungseinstellungen (inklusive Piloten-, Kontroll- und Datenkanäle), Zellnachbarschaftslisten, zellindividueller Offset, Handover Parameter, Scheduler Parameter oder das An- und Ausschalten von BSs, etc.

Im Feld der SND wird zumeist die Neigung der Antennen als variabler Netzparameter verwendet (siehe Referenzen aus Abschnitt 1.2), da sich die Antennenneigung besonders gut für diesen Anwendungsfall eignet [Kif+; AJ10]. Alternativ zur Antennenneigung wurden bereits der zellindividuelle Offset (siehe z.b. [Kle+12]) oder die Sendeleistung verwendet [Kar+13b; Eng+13]. Wir möchten darauf hinweisen, dass wir im Kapitel 5 dieser Arbeit den Dynamikbereich der UL Empfangsleistungen an den BSs begrenzen, indem wir zwei Netzparameter der LTE UL Sendeleistungsregelung [3GP14a] anpassen. Wir führen die UL Sendeleistungsregelung sowie die veränderten Netzparameter genauer in Kapitel 5 ein.

2.1.3 Architektur

Ein SON kann in einer zentralisierten, dezentralisierten oder hybriden Architektur betrieben werden [FS08]. Wie in Abb. 2.1 dargestellt, befinden sich die Funktionalitäten im Falle eines zentralisierten SONs im Bereichs- und Netzwerkmanagement. Dies können z.B. Algorithmen oder andere Automatismen sein. Im dezentralisierten Fall sind die SON Funktionalitäten lokal in den BSs installiert. Sind dezentralisierte und zentralisierte SON Funktionalitäten vorhanden, so handelt es sich um eine hybride SON Architektur. Vorteil einer dezentralisierten Architektur ist, dass die Zeitskalen für die Operation des SONs (im Folgenden bezeichnet als die zeitliche Granularität des SONs) kleiner sind als es in einer zentralisierten Architektur der Fall ist. Grund ist, dass die Kommunikation über das X2 Interface stattfinden kann, welches zwei BSs direkt miteinander verbindet. Diese direkte Kommunikation arbeitet wesentlich schneller als das vergleichbar langsam arbeitende Bereichs- oder Netzwerkmanagement. Typischerweise liegt die geringst mögliche zeitliche Granularität bei zirka 15 min für ein zentralisiertes System und im Bereich

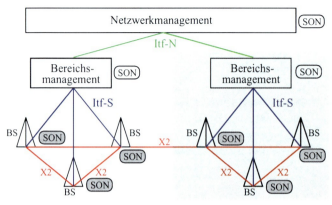

Bereich eines Herstellers

(SON) Zentralisierte SON Funktionalität
(SON) Dezentrale SON Funktionalität

Abb. 2.1. Verschiedene SON Architekturen. Ein Herstellerspezifisches Bereichsmanagement administriert mehrere BSs. Verschiedene Herstellerbereiche werden im zentralen Netzwerkmanagement organisiert. Die BSs sind mittels des Interface Nord (Itf-N) und Interface Süd (Itf-S) mit dem Bereichsmanagement und Netzwerkmanagement verbunden. BSs können untereinander über das X2 Interface kommunizieren.

von Sekunden bis Minuten für den dezentralisierten Fall [sG12]. Ein anderer Vorteil des dezentralisierten SONs ist, dass der Kommunikationsaufwand typischerweise geringer ist als bei zentralisierten SONs. Andererseits sind Probleme, welche durch die bedingte Kompatibilität verschiedener Hersteller der BSs miteinander entstehen, leichter in zentralisierten SONs zu lösen. Außerdem hat eine zentralisierte Architektur den Vorteil, dass Informationen, wie z.b. Messungen, aus einem viel größeren Bereich und in größerer Menge gesammelt werden können. So ist es dem zentralisierten SON besser möglich große Bereiche des Netzes zu optimieren. Weiterhin ist die Qualität der Lösungen eines zentralisierten SONs typischerweise besser als die eines dezentralisierten SONs, da Ersteres mehr Informationen verfügbar hat [sG12; FS08]. Wie bereits erwähnt, ist jedoch die geringst mögliche zeitliche Granularität von zirka 15 min ein Nachteil der zentralisierten Architektur.

Wir möchten darauf hinweisen, dass in [PB05] und den darin referenzierten Quellen ein System als selbstorganisiert definiert wird, wenn es ohne externe oder zentrale Einheit organisiert ist. Mit anderen Worten müssen die individuellen Teilnehmer des SONs direkt miteinander in einer dezentralisierten Weise miteinander interagieren. Dies widerspricht der hier präsentierten zentralisierten Architektur von SONs. Nichtsdestotrotz folgen wir der Aufteilung in dezentralisierte, hybride und zentralisierte Architektur da diese Definitionen von 3GPP (siehe [FS08]) für LTE so eingeführt wurden.

Im Feld der neigungsbasierten SND verwenden die meisten Veröffentlichungen eine zentralisierte Architektur (siehe z.b. [Eng+13; Kle+12])[1], da es, wie oben erwähnt, in dieser Architektur leichter möglich ist Messungen bzw. Informationen über einen größeren Bereich des Netzes zu sammeln.

2.1.4 Verwendete Methode

Eine weitere Eigenschaft eines SONs ist die verwendete Methode zur Findung neuer Einstellungen der Netzparameter. Beschränken wir uns nicht nur auf den Anwendungsfall der neigungsbasierten SND, so können wir feststellen, dass in der Literatur eine Vielzahl von Methoden zur Selbstorganisation von Mobilfunknetzen verwendet werden.

Einerseits werden biologisch inspirierte Methoden verwendet, welche unter anderem vom Verhalten von Bienen oder Ameisen abgeleitet sind [Zha+14]. Es werden z.b. die Prinzipien der Sachwarmintelligenz [Goy+10; Gha+07; DDCG05], der künstlichen neuronalen Netze [DB05] und der Immunsysteme [LBS04] sowie der Evolutionstheorie [DBR06] angewandt, um eine Vielzahl von Anwendungsfällen der Selbstorganisation zu lösen. Weiterhin werden oftmals Methoden des maschinellen Lernens sowie Spieltheorie angewandt. Im ersteren Feld werden zumeist Ansätze des bestärkenden Lernens verwendet, siehe z.b. [SBC12; SC12; IMT12a; IMT12b; RKC10; Tha+12]. Beiträge, welche Spieltheorie für die Selbstorganisation im Feld der mobilen Kommunikation verwenden, sind z.b. [Hua+14; She+14]. Häufig werden auch klassische Optimierungsmethoden wie z.b. Coordinate Ascent / Descent [EKG11; Rev12], Simulated Annealing [Kar+13a; KGL12; SVY06; Bul+13] oder Nelder-Mead [Sos+15a] verwendet. Ebenso werden regelbasierte Methoden verwendet [Ger+04; Ami+11]. SONs, welche dem letzteren Ansatz folgen, arbeiten auf Grundlage von festen Regeln, welche zumeist aus existierender Erfahrung der Netzbetreiber abgeleitet sind.

Beschränken wir uns auf den in dieser Arbeit betrachteten Anwendungsfall der neigungsbasierten SND, so können wir feststellen, dass häufig die Methode Simulated Annealing (siehe z.b. [Kar+13a; Eng+13; SVY06]) oder

---

[1]Viele Veröffentlichungen bestimmen die verwendete Architektur nicht. Jedoch kann aus dem Kontext oftmals darauf geschlossen werden, dass eine zentralisierte Architektur verwendet wird.

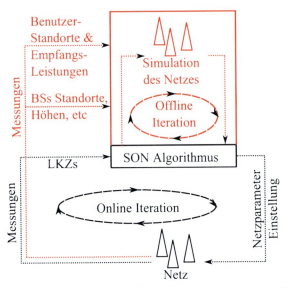

Abb. 2.2. Die Prinzipien der online und offline Selbstorganisation. In schwarz ist die online Selbstorganisation dargestellt. Die Kombination von schwarzen und roten Zeichnungen ergibt ein offline SON [Ber+14a].

Methoden des bestärkenden Lernens (siehe z.B. [IMT12a; IMT12b; RKC10; Tha+12]) verwendet werden. Simulated Annealing (SA) ist eine metaheuristische Optimierungsmethode [KGJV83], welche die langsame Abkühlung eines Festkörpers nachahmt. Wichtiges Merkmal der SA Methode ist, dass neue Parameterkonfigurationen auch akzeptiert werden können, wenn sie schlechter sind als die vorherige Parameterkonfiguration. Da wir in dieser Arbeit ebenfalls Algorithmen verwenden, welche die SA Methode anwenden, führen wir die besagte Methode im Abschnitt 4.3.1 im Detail ein. Wie schon in der Einleitung erklärt, kann die Methode des bestärkenden Lernens schrittweise erlernen, welches die beste Maßnahme für einen bestimmten Systemzustand ist. Da wir in dieser Arbeit keine Algorithmen verwenden, welche die Methode des bestärkenden Lernens verwenden, führen wir diese Methode nicht im Detail ein und verweisen daher auf die oben zitierten Anwendungen dieser Methode und auf [SB98].

2.1.5 Operationsmodus

Wie in der Einleitung bereits erwähnt, kann ein SON online oder offline arbeiten. Abgesehen von unseren eigenen Beiträgen [Ber+14a; Ber+14d; Ber+15] wurde eine Einteilung des Operationsmodus in online und offline bisher noch nicht in der Literatur erwähnt. Wie wir jedoch darlegen werden, ist der Aspekt, ob ein SON online oder offline operiert, von zentraler Bedeutung für diese Arbeit.

Ein SON, welches online arbeitet, durchläuft die folgende Schleife[2] (siehe Abb. 2.2): Zuerst werden die Werte der LKZs entweder direkt oder indirekt über Messungen bestimmt[3]. Basierend auf den Werten der LKZs schlägt der verwendete SON Algorithmus eine neue Einstellung der Netzparameter vor. Diese neue Einstellung der Netzparameter wird danach direkt im Netz angewandt, die neuen LKZs werden wieder gemessen und die Schleife beginnt von neuem.

Ein SON, welches offline arbeitet, verwendet eine Simulation des betrachteten Netzes. Das SON misst nicht nur die betrachteten LKZs sondern verwendet weitere Informationen, welche nötig sind, um das der Simulation zugrundeliegende Modell ausführen zu können. Mithilfe dieser Simulation des Netzes ist es dem offline SON möglich die Suche nach einer neuen Einstellung der Netzparameter offline, d.h. nur in der Simulation, durchzuführen (siehe Abb. 2.2 roter Kasten). Erst das Ergebnis dieser offline Simulation, d.h. die resultierende Einstellung der Netzparameter, wird im realen Netz angewandt. Eine solche Vorgehensweise zur Selbstorganisation wurde bereits in [IZ14] vorgeschlagen.

Größter Vorteil eines online SONs ist, dass keine Simulation des betrachteten Netzes verwendet wird, da alle vom SON vorgeschlagenen Einstellungen der Neigungen im realen Netz angewandt werden und die resultierenden LKZs gemessen und nicht simuliert werden. Der Verzicht auf die Verwendung einer Simulation des betrachteten Netzes hat den Vorteil, dass das SON ohne zusätzliche Informationen, welche für die Simulation des Netzes von Nöten gewesen wären, operieren kann. Je nach Anwendungsfall des SONs bzw. je nach verwendetem Modell können dies verschiedene Eingangsgrößen sein. Betrachten wir Modelle, welche die Netzabdeckung und den Datendurchsatz

---

[2]Wir möchten darauf hinweisen, dass diese Schleife mit der in [Sch+08a] veröffentlichten Rückkopplungsschleife identisch ist.

[3]Zum Beispiel könnte die Netzabdeckung indirekt über die Anzahl der gesammelten unterbrochenen Verbindungen (engl. dropped calls) bestimmt werden.

im Netz modellieren können (siehe z.B. [VDL09; VLS10; FF12]), so sind die Lokalitäten der Nutzer sowie deren Empfangsleistungen für alle Einstellungen der Netzparameter und alle betrachteten BSs nötige Eingangsgrößen[4]. Solche Informationen sind jedoch oftmals nur mit großem technischen und / oder finanziellen Aufwand zu erlangen, da es spezifische Aufzeichnungsinstrumente auf der Netz- oder Benutzerseite erfordert, um diese Informationen akkurat sammeln zu können (entweder müssen Minimization-of-Drive-Tests Messungen [3GP14d] oder noch aufwendigere Drive-Tests [Gha] durchgeführt und ausgewertet werden). Daher ist der Verzicht auf eine Simulation des betrachteten Netzes ein Vorteil des online SONs, weil das SON somit geringere finanzielle und technische Voraussetzungen zur Anwendung hat. Weiterhin erwarten wir, dass ein online SON robuster ist als ein offline SON, da es ausschließlich auf Messungen beruht und nicht auf ein möglicherweise ungenaues Modell angewiesen ist.

Allerdings ergeben sich durch die online Selbstorganisation auch Nachteile. Da in der online Selbstorganisation jede Einstellung der Netzparameter im realen Netz angewandt wird, ergeben sich die folgenden Konsequenzen:

1. Die Anzahl der durchgeführten Iterationen ist von hoher Wichtigkeit. Jede Iteration benötigt eine gewisse Zeit, welche nicht kürzer sein kann, als die Zeit, welche benötigt wird, um die LKZs zu bestimmen. Dadurch kann die Selbstorganisation sehr lange dauern, was nach Möglichkeit zu vermeiden ist.

2. Die LKZs *aller* vorgeschlagenen Einstellungen der Netzparameter sind von hoher Wichtigkeit. Schlägt das SON eine sehr unvorteilhafte Einstellung der Netzparameter vor, so können sich die Werte der LKZs wesentlich verschlechtern. Dies ist ebenfalls zu vermeiden.

Aufgrund dieser Konsequenzen sind wir in einem online SON im Vergleich zum offline SON in der Wahl der verwendeten Methode zur Findung einer besseren Einstellung der Netzparameter stark eingeschränkt. Im folgenden Abschnitt sowie in Kapitel 3 werden wir mehr darauf eingehen, welche Methoden für eine online Selbstorganisation angemessen sind.

Größter Vorteil der offline Selbstorganisation ist, dass nahezu jede Methode zur Findung einer besseren Einstellung der Netzparameter verwendet werden

---

[4]Natürlich werden für die Modelle weitere Eingangsgrößen, wie z.B. eine Liste der betrachteten BSs, benötigt. Im Sinne der Beschaffungskosten sind diese Informationen jedoch nicht kritisch.

kann[5], da die Anzahl der vorgeschlagenen Einstellungen der Netzparameter (Anzahl der Iterationen) nicht von hoher Relevanz ist und Einstellungen der Netzparameter, welche schlechte Werte der LKZs mit sich führen, nicht im realen Netz angewandt werden. Eine hohe Anzahl an Iterationen sowie schlechte Werte der LKZs können während der offline Optimierung toleriert werden, da die untersuchten Einstellungen der Netzparameter nicht im realen Netz angewandt werden. Nur das optimierte Ergebnis wird im realen Netz angewandt. Somit können z.b. mathematische Optimierungsmethoden wie SA und Nelder-Mead oder komplexe biologisch inspirierte Algorithmen verwendet werden. Aufgrund der hohen Anzahl an Iterationen sowie der erhöhten Wahrscheinlichkeit lokalen Optima zu entfliehen (welche sich aus der Möglichkeit ergibt, dass auch Einstellungen der Netzparameter gewählt werden können, welche schlechte Werte der LKZs zur Folge haben), erwarten wir von einer offline Selbstorganisation eine bessere Leistung im Sinne der Werte der LKZs als von einer online Selbstorganisation.

Nachteil einer offline Selbstorganisation ist, dass die zur Ausführung der Simulation nötigen Eingangsgrößen vorhanden sein müssen. Wie bereits oben erwähnt, kann dass Ermitteln dieser Informationen (z.B. Empfangsleistungen für alle möglichen Konfigurationen der Netzparameter und Lokalitäten der Nutzer) jedoch einen hohen finanziellen und / oder technischen Aufwand mit sich führen. Wir möchten darauf hinweisen, dass die nötigen Einganggrößen der Simulation die aktuelle Situation im Netz beschreiben müssen, um eine zuverlässige Optimierung garantieren zu können. Das heißt, dass die Eingangsgrößen der Simulation entweder kontinuierlich ermittelt werden müssen oder dass deren Veränderungen durch Dynamiken im Netz modelliert werden müssen. Ein weiterer Nachteil ist, dass stets eine Diskrepanz zwischen dem in der Simulation verwendeten Modell und der Realität besteht, welche zur Verschlechterung der Leistung des SONs führen kann. Daher sollte die besagte Diskrepanz möglichst gering gehalten werden, was hohe Anforderungen an die oben erwähnte Modellierung der Eingangsgrößen der Simulation mit sich führt.

In den Tabellen 2.1 und 2.2 fassen wir die allgemeinen Vor- und Nachteile von on- und offline SONs zusammen [Ber+14a].

Wir möchten darauf hinweisen, dass die Wahl des Operationsmodus das SON nicht auf eine spezielle Architektur beschränkt.

---

[5]Einschränkung bei der Wahl der Methode entstehen lediglich dadurch, dass die benötigte Zeit zur Ausführung der Methode in einem für das SON angemessen Rahmen liegen muss.

Tab. 2.1. Vor- und Nachteile der online Selbstorganisation

Online SON
Vorteile
• Geringe technische und / oder finanzielle Voraussetzungen für die Anwendung in der Praxis, da → keine Simulation des betrachten Netzes nötig → keine Modellierung der Netzdynamiken nötig • Robuste Selbstorganisation, da → kein fehlerhaftes Systemmodell zum Einsatz kommt
Nachteile
• Starke Einschränkungen in der Wahl der Optimierungsmethode, da → es wichtig ist die Anzahl der durchgeführten Iterationen zu beschränken → die LKZs aller vorgeschlagenen Einstellungen der Netzparameter von hoher Wichtigkeit sind • Dauer der Selbstorganisation länger als beim offline SON, da → jede Einstellung der Netzparameter im realen Netz angewandt wird

Tab. 2.2. Vor- und Nachteile der offline Selbstorganisation

Offline SON
Vorteile
• Komplexe Optimierungsmethoden können verwendet werden, da → die Anzahl der durchgeführten Iterationen innerhalb der offline Simulation groß sein kann → die Werte der LKZs innerhalb der offline Simulation beliebig schlechte Werte annehmen können • Dauer der Selbstorganisation kürzer als beim online SON, da → nur die Einstellung der Netzparameter, welche Lösung der offline Optimierung ist, im Netz angewandt wird
Nachteile
• Hohe technische und / oder finanzielle Voraussetzungen für Anwendung in der Praxis, da → nötige Eingangsgrößen für die Simulation vorhanden sein müssen → Veränderungen in den Eingangsgrößen entweder stets erfasst oder modelliert werden müssen • Weniger robuste Selbstorganisation als bei einem online SON, da → fehlerhafte Systemmodelle verwendet werden

Wir möchten darauf hinweisen, dass ein SON noch in leicht anderen Varianten als in der hier präsentierten offline Simulation betrieben werden kann, wenn genug Informationen über das Netz vorhanden sind, um es in einer Simulation modellieren zu können. Alternativ könnte man das Netz beispielsweise in mehreren parallelen Simulationen mit jeweils verschiedenen Einstellungen der Netzparameter in Echtzeit emulieren und im realen Netz die Parameter der besten Simulation anwenden. Solche Lösungen wurden jedoch noch nicht publiziert und unterscheiden sich in ihren qualitativen Vor- und Nachteilen nicht von dem hier präsentierten offline SON, da ebenfalls umfangreiches Systemwissen verwendet wird und die Leistung des SONs von der Genauigkeit der Systemmodelle abhängt.

Da, wie bereits erwähnt, der verwendete Operationsmodus des SONs für diese Arbeit von wesentlicher Bedeutung ist, diskutieren wir diese Eigenschaft für SON Algorithmen der neigungsbasierten SND ausführlich im nächsten Abschnitt.

2.2 Operationsmodi im Feld der Neigungsbasierten Selbstorganisation der Netzabdeckung und des Datendurchsatzes

In diesem Abschnitt stellen wir dar, welche Operationsmodi die bisherigen Veröffentlichungen im Feld der neigungsbasierten SND verwenden. Aus dem obigen Abschnitt wird klar, dass eine offline Simulation unabhängig von den Eigenschaften der verwendeten Methode der Selbstorganisation immer durchgeführt werden kann, sobald die nötigen Eingangsgrößen für die Simulation des betrachteten Netzes vorhanden sind. Im Gegensatz dazu kann nicht jeder SON Algorithmus zur online Selbstorganisation verwendet werden. Grund dafür ist, dass der Netzbetreiber einerseits Einstellungen, welche die Werte der LKZs verschlechtern, vermeiden möchte und andererseits die Zeitdauer, welche für eine Selbstorganisation nötig ist, begrenzen möchte (siehe Nachteile eines online SON in Tabelle 2.1). Daher sind Methoden, welche oftmals Einstellungen der Netzparameter vorschlagen, welche die Werte der LKZs verschlechtern und / oder sehr viele Iterationen für die Selbstorganisation benötigen, nicht für eine online Selbstorganisation geeignet. Wir möchten darauf hinweisen, dass die Grenze, ab der ein SON Algorithmus als nicht mehr tauglich für eine online Selbstorganisation betrachtet wird, von den Anforderungen der Netzbetreiber abhängt. Diese können beispielsweise eine unterschiedliche Zeitdauer für die Selbstorganisation tolerieren, was zu einer unterschiedlichen Einteilung einer Methode in online und offline Operation führen kann. Auch bestimmt die Wahl der Methode zur Selbstorganisation noch nicht sofort den Operationsmodus, da die Methoden mittels inhärenter Parameter (wie z.b. Schrittlängenparameter) für den entsprechenden Operationsmodus angepasst werden können. Aus diesen Gründen ist die folgende Einteilung verschiedener SON Algorithmen in online und offline SONs nicht als festgeschrieben anzusehen.

Wie bereits erwähnt, findet der Operationsmodus in der bisherigen Literatur nur wenig Beachtung. Die meisten existierenden Veröffentlichungen stellen daher nicht dar, ob der vorgeschlagene SON Algorithmus online oder offline arbeiten soll. Anhand der Eigenschaften der vorgeschlagenen SON Algorithmen können wir jedoch oftmals schlussfolgern, ob der Algorithmus eher für ein online oder ein offline SON geeignet ist. Enthält der Algorithmus beispielsweise einen sehr großen zufälligen Anteil, welcher große Sprünge in der Einstellung der Netzparameter erlaubt oder wenn der Algorithmus beispielsweise eine sehr große Anzahl an Iterationen (z.B. mehr als 100) benötigt, so können wir davon ausgehen, dass nur eine offline Anwendung angemessen ist, da ein online SON in einem solchen Fall aufgrund der oben erwähnten Nachteile ungeeignet wäre. Wie bereits im Abschnitt 1.2 erwähnt, verwenden existierende SONs im Feld der neigungsbasierten SND zumeist mathematische Optimierungsmethoden, regelbasierte Methoden oder Methoden des bestärkenden Lernens.

Sehen wir zunächst einmal von den Ansätzen ab, welche ausschließlich regelbasiert arbeiten oder die Methode des bestärkenden Lernens verwenden, so können wir schlussfolgern, dass der Großteil dieser Beiträge einer offline Selbstorganisation folgt. Die Beiträge [Kar+13a; Kar+13c; SVY06; Eng+13] verwenden Simulated Annealing, Taguchi's Methode [Roy90] oder gemischt-ganzzahlige lineare Programmierung nach [Ibm][6]. Diese komplexen mathematischen Optimierungsmethoden eignen sich eher für eine offline Selbstorganisation, da sie, je nach Methode, eine große Anzahl an Iterationen durchführen und / oder die Einstellung der Netzparameter wesentlich ändern. Eine große Anzahl an Iterationen ist für eine online Selbstorganisation ungeeignet, da nach jeder Iteration die LKZs gemessen werden müssen. Da in einer online Selbstorganisation die Werte der LKZs zu jeder Iteration

---

[6][Eng+13] verwendet zusätzlich noch einen verkehrsampelbasierten Regelansatz.

von Wichtigkeit sind, sind wesentliche Änderungen in der Einstellung der Netzparameter zu meiden [7]. Nur die Algorithmen, welche in [EKG11; Rev12] vorgeschlagen werden, können unserer Einschätzung nach online arbeiten. Wie bereits erwähnt, betrachtet [EKG11] jedoch die Netzabdeckung nicht explizit und [Rev12] stellt die Funktionsweise des Algorithmus nicht vollständig dar. Zudem untersuchen beide Beiträge ihre Methode nicht auf die Tauglichkeit zur Anwendung als online SON.

Vorhandene Beiträge im Feld der neigungsbasierten SND, welche die Methode des bestärkenden Lernens verwenden (siehe [IMT12a; IMT12b; RKC10; Tha+12]), sind mittels der veröffentlichten Simulationsergebnisse nur schwer in online oder offline Operation einzuordnen. Der Grund dafür ist, dass die Tauglichkeit für eine online Selbstorganisation der zitierten lernenden SON Algorithmen sehr stark vom Verhältnis zwischen der Exploration neuer Einstellungen der Netzparameter und der Verwertung gefundener Einstellungen der Netzparameter abhängt. Wird die Exploration neuer Einstellungen der Netzparameter zu stark betrieben, so kann es sein, dass zu viele Einstellungen der Netzparameter vorgeschlagen werden, welche die Werte der LKZs wesentlich verschlechtern. Exploriert der Algorithmus hingegen zu wenig, so kann der Algorithmus möglicherweise keine guten Ergebnisse liefern oder die Selbstorganisation benötigt sehr viele Iterationen [SB98].

In regelbasierten SON Algorithmen, wie z.B. [Ger+04], sind die Aktionen des SONs auf Grundlage von Erfahrungen genau auf den betrachteten Anwendungsfall angepasst. Dadurch erwarten wir, dass eine online Selbstorganisation im Falle von regelbasierten SON Algorithmen möglich ist. Regelbasierte Ansätze haben jedoch den starken Nachteil, dass deren Entscheidungen nach festgelegten Verfahren getroffen werden. Verhält sich das Netz jedoch anders als erwartet, so sind die getroffenen Entscheidungen möglicherweise destruktiv und das SON erzielt schlechte Leistungen.

Im Folgenden stellen wir in einem gesonderten Abschnitt die Motivation dieser Arbeit dar.

Zusammenfassend können wir erkennen, dass es bisher nur wenige Beiträge im Feld der neigungsbasierten SND gibt, welche online operieren und weder regelbasiert arbeiten noch die Methode des bestärkenden Lernens verwenden.

---

[7]Hier nehmen wir an, dass eine wesentliche Änderungen der Einstellung der Netzparameter die Werte der LKZs wesentlich verbessern oder verschlechtern kann. Da wesentliche Verschlechterungen der Werte der LKZs zu vermeiden sind, müssen die besagten wesentlichen Änderungen der Einstellung der Netzparameter in einer online Selbstorganisation vermieden werden.

2.3 Motivation dieser Dissertation

Wesentliche Beiträge dieser Arbeit sind das Erstellen eines Konzeptes zur Selbstorganisation mehrerer LKZs bei geringem Systemwissen[8] (siehe Kapitel 3) sowie das Erstellen und Untersuchen von online Algorithmen zur neigungsbasierten SND (siehe Kapitel 4 und 5). Im Folgenden möchten wir die einzelnen Aspekte dieser Beiträge motivieren.

Online Selbstorganisation

Diese Dissertation fokussiert sich auf SON Lösungen, welche online arbeiten. Die Motivation für diese Wahl ist, dass eine online Selbstorganisation gegenüber einer offline Selbstorganisation die wichtigen Vorteile hat, dass sie (siehe Abschnitt 2.1.5)

- geringe technische und / oder finanzielle Voraussetzungen für die Anwendbarkeit in der Praxis hat (beispielsweise ist es bei einer SND nicht nötig, dass die Lokalitäten der Benutzer und deren Empfangsleistungen für alle Einstellungen der Netzparameter bekannt sind) und
- sehr robust arbeitet (da keine fehlerhaften Systemmodelle zum Einsatz kommen).

Weiterhin gibt es, wie im Abschnitt 2.2 dargestellt, bisher nur wenige Arbeiten im Feld der online neigungsbasierten SND. Aufgrund der oben erwähnten Vorteile können online SON Algorithmen kostengünstige Alternativen zu offline Algorithmen sein. Daher ist die Erforschung von online Algorithmen sowie deren Vergleich mit offline Algorithmen von Interesse.

Anwendungsfall SND

Wir konzentrieren uns speziell auf den Anwendungsfall der SND, da die Netzabdeckung als auch der Datendurchsatz für die Netzbetreiber typischerweise LKZs mit hoher Priorität sind. Zudem ist eine gemeinsame Selbstorganisation dieser LKZs besonders herausfordernd, da beide LKZs einander konträr sind [Ham+03].

Netzparameter Neigung

Die Verwendung der Neigung als variablen Parameter des SONs, wird dadurch motiviert, dass sich dieser Parameter dank moderner Antennentech-

---

[8]Als geringes Systemwissen verstehen wir, dass nicht genügend Informationen über das betrachtete Netz verfügbar sind, um es mittels eines Modells in einer Simulation abbilden zu können. Somit ist eine online Selbstorganisation notwendig.

nologien einfach modifizieren lässt [KG00] und dass Änderungen in den Neigungen einen starken Einfluss auf die Netzabdeckung und den Datendurchsatz haben [Kif+; AJ10].

Simultane DL und UL Selbstorganisation

Diese Arbeit erstellt erstmalig Algorithmen zur neigungsbasierten SND, welche den DL und UL simultan betrachten. Dieser Aspekt wird dadurch motiviert, dass die Bedeutung der UL Übertragung derzeit stark an Bedeutung gewinnt. Der Grund dafür ist das Aufkommen neuer Anwendungen und Dienstleistungen, wie z.b. Sensornetzwerke, Videotelefonie oder Social Networking, welche eine Parität zwischen UL und DL Datenverkehr oder sogar mehr UL als DL Datenverkehr erfordern. Weiterhin können wir auf Grundlage einer adäquaten DL Leistung des Netzes nicht darauf schließen, dass die UL Leistung des Netzes für den Netzbetreiber zufriedenstellend ist, da sich die Interferenzsituation zwischen UL und DL grundlegend unterscheiden.

2.4 Referenzansatz für diese Dissertation

Um die Leistung der in dieser Dissertation erstellten online SON Algorithmen einzuordnen, würden wir deren Leistung im Idealfall mit

- einer online Lösung nach dem Stand der Technik,
- einer offline Lösung nach dem Stand der Technik, sowie
- mit der bestmöglichen zu erreichenden Leistung bzw. dem globalen Optimum

vergleichen. Wie wir jedoch bereits im Kapitel 1 erörtert haben, gibt es auf dem Feld der neigungsbasierten online SND keine adäquaten Beiträge, welche als Referenz geeignet sind[9]. Weiterhin ist es uns, wie ebenfalls im Kapitel 1 erörtert, nicht möglich in realistischen Simulationsszenarien das globale Optimum zu bestimmen, da es zu viele mögliche Einstellungen der Neigungen gibt. Daher verwendet diese Dissertation einen offline Algorithmus, um die Leistung der zu entwickelnden online Algorithmen zur SND zu bewerten. Jedoch gibt es nach dem Stand der Technik bisher keine offline SON Algorithmen, welche eine neigungsbasierte SND simultan im DL und UL durchführen. Daher werden wir in dieser Arbeit ebenfalls einen

---

[9]Algorithmen, welche Methoden des bestärkenden Lernens verwenden, kategorisieren wir als offline Ansätze.

Algorithmus zur neigungsbasierten, simultanen DL und UL SND einführen und untersuchen, welcher für eine offline Selbstorganisation vorgesehen ist. Da dieser Algorithmus eine offline Alternative zu den zu präsentierenden online Algorithmen darstellt, wird er als offline Referenzalgorithmus oder nur kurz als Referenzalgorithmus bezeichnet. Der Referenzalgorithmus wird einerseits auf Beiträgen dieser Arbeit aufbauen. So werden wir beispielsweise die im Kapitel 3 eingeführte Verwendung von Kostenfunktionen zur simultanen Selbstorganisation mehrerer LKZs verwenden. Andererseits werden wir Aspekte aus dem Stand der Technik aufgreifen. So wird dieser Referenzalgorithmus auf Basis der Methode Simulated Annealing arbeiten.

Wir wählen diese Methode, da (i) Simulated Annealing in bisherigen Veröffentlichungen im Feld der DL Selbstorganisation bereits rege Anwendung findet (siehe z.B. [Bul+13; Zha+10; Kar+13a; KGL12; SVY06]) und damit als Stand der Technik angesehen werden kann, (ii) die Methode aufgrund ihres stark probabilistischen Charakters und des Bedarfs an vielen Iterationen eher für eine offline Selbstorganisation geeignet, (iii) verhältnismäßig einfach zu implementieren ist und (iv) bei unbegrenzt langer Anwendung zum globalen Optimum führt [HJJ03].

Wie bereits oben erwähnt ist Simulated Annealing eine metaheuristische Optimierungsmethode [KGJV83], welche die langsame Abkühlung eines Festkörpers nachahmt. In jeder Iteration der Methode wird eine zufällige Einstellung, welche zur aktuellen Einstellung benachbart ist, gewählt. Verbessert sich die zu optimierende Funktion, so wird die neue Einstellung akzeptiert. Einstellungen, welche die zu optimierende Funktion verschlechtern, werden auf zufälliger Basis akzeptiert. Die Wahrscheinlichkeit für die Akzeptanz solch einer Einstellung steigt mit der vorherrschenden Temperatur (die Temperatur ist ein Parameter der Methode) und sinkt mit steigender Verschlechterung der zu optimierenden Funktion. Die Temperatur wird nach einem vorgegeben Verlauf mit jeder Iteration geringer, so dass die Optimierung langsam zum Stillstand gelangt. Im Abschnitt 4.3.1 werden wir Simulated Annealing genauer betrachten und im Abschnitt 4.3.4 werden wir den offline Referenzalgorithmus einführen.

Im folgenden Kapitel werden wir nun ein Konzept zur Erstellung von Algorithmen zur simultanen Selbstorganisation mehrerer LKZs ein. Dieses Konzept adressiert die Einschränkung, dass nur wenig Systemwissen vorhanden ist.

Ein Konzept zur Selbstorganisation mehrerer Leistungskennzahlen bei geringem Systemwissen

In diesem Kapitel schlagen wir ein allgemeines SON Konzept vor. Das Konzept soll in dem Sinne allgemeingültig sein, dass es (i) nicht spezifisch für bestimmte LKZs ist, dass es (ii) im generellen eine beliebige Anzahl von LKZs zugleich selbstorganisieren kann und, dass es (iii) für einen beliebigen Typ Netzparameter (z.b. die Neigung) verwendet werden kann. Vor dem Hintergrund der diskutierten Beschränkungen des Stands der Technik (siehe Abschnitt 1.3 und Kapitel 2) soll dieses Konzept nicht auf einer Simulation des Netzes basieren, damit eine Verwendung bei geringem Systemwissen möglich ist. Als Methode zum Finden besserer Einstellungen der Netzparameter soll keine Lernmethode verwendet werden, um die erwähnten Nachteile dieser Methoden zu vermeiden. Ansätze, welche auf festen Regeln oder Entscheidungen aufbauen, sollen ebenfalls nicht verwendet werden. Grund ist, dass sich ändernde Umgebungsbedingungen des Netzes, wie z.B. der Verteilung der Nutzer, wesentlichen Einfluss darauf haben, welche Einstellungen der Netzparameter günstig sind. Da es sehr schwierig ist die Entscheidungen von reglungsbasierten Methoden auf sich ändernde Umgebungsbedingungen anzupassen, beschränken wir uns auf klassische Optimierungs- bzw. Suchmethoden. Das vorzuschlagende SON Konzept soll nur einen Typ Netzparameter modifizieren, um die LKZs über / unter einem gewissen Schwellwert zu halten. Eine Optimierung, in dem Sinne, dass das globale Optimum gefunden werden soll, wird nicht vorgenommen. Außerdem soll es möglich sein, die individuellen Ziele und Prioritäten von Operatoren bei der Selbstorganisation zu bedenken.

Das im Folgenden präsentierte Konzept haben wir bereits in [Ber+15] veröffentlicht.

3.1 Verfügbare Informationen und nötige Fähigkeiten

Das im Folgenden vorgeschlagene SON Konzept soll bei geringem Systemwissen zur Anwendung kommen. Als geringes Systemwissen verstehen wir, dass nicht genügend Informationen über das betrachtete Netz verfügbar sind, um es mittels eines Modells in einer Simulation abbilden zu können. Ohne eine Simulation des Netzes ist es nicht möglich die Werte der LKZs für beliebige Einstellungen der Netzparameter vorauszusagen (somit ist die Anwendung eines offline SONs nicht möglich).

Um das SON Konzept anwenden zu können, muss dennoch ein gewisses Minimum an Informationen verfügbar sein und müssen einige Bedingungen erfüllt sein. Wir benötigen die folgenden Informationen:

- eine Liste der zu betrachtenden BSs (Information darüber, welche BSs betrachtet werden sollen). Dies ist nötig, um zu Wissen, an welchen BSs die Neigungen verändert werden können.

- die aktuellen Werte des zu verändernden Netzparameters für alle betrachteten BSs.

- mögliche Werte des zu verändernden Netzparameters für alle betrachteten BSs. Dies ist nötig, um zu Wissen, welche Neigungen eingestellt werden können.

- eine Nachbarschaftsliste für jede betrachtete BSs. Dies ist nötig, damit das SON gezielt BSs zur Veränderung der Neigung auswählen kann.

Weiterhin müssen folgende Fähigkeiten gegeben sein:

- die BSs können entweder direkt über das X2 Interface oder mittels eines zentralen Netzmanagement miteinander kommunizieren (siehe Abb. 2.1). Dies ist nötig, damit das SON Daten sammeln bzw. austauschen kann und damit die Suche nach einer günstigeren Einstellung der Neigungen organisiert werden kann.

- die LKZs können für jede BS über Messungen bestimmt werden. Dies ist nötig, um eine Einstellung der Neigungen bewerten zu können.

- die LKZs können auch bzgl. Flächen, welche von mehr als einer BSs abgedeckt werden, über Messungen bestimmt werden. Dies ist nötig, damit die Selbstorganisation tatsächlich den Großteil der Nutzer zugute kommt und nicht nur das Netz im Sinner einiger BS-spezifischer LKZs verbessert wird.

Im folgenden Beschreiben wir die einzelnen Aspekte des SON Konzepts und fassen es am Ende dieses Kapitels zusammen.

3.2 Methoden zur Selbstorganisation

Aufgrund des oben beschriebenen geringen Systemwissens sind wir nicht in der Lage das Netz zu simulieren und verwenden daher eine online Selbstorganisation (siehe Abschnitt 2.1.5). In diesem Abschnitt spezifizieren wir die in diesem Konzept zu verwendeten Methoden zur Suche besserer Einstellungen der Netzparameter.

Wir gehen davon aus, dass der Operator eine Verschlechterung der Werte der LKZs während der Selbstorganisation nur für beschränkte Zeitintervalle und nur bis zu einem geringem Maß toleriert. Weiterhin nehmen wir an, dass wesentliche Änderungen in den Einstellungen der Netzparameter potentiell zu wesentlichen Änderungen in den Werten der LKZs führen können. Aufgrund dieser beiden Annahmen und da wir nicht wissen, ob eine Veränderung der Einstellungen der Netzparameter die Werte der LKZs verbessert oder verschlechtert, sind wir in einer online Selbstorganisation dazu gezwungen nur kleine Änderungen in den Einstellungen der Netzparameter zu unternehmen. Wir bezeichnen Suchmethoden, welche dies tun als *lokale* Suchmethoden. Weiterhin soll die Anzahl der Iterationen, welche nötig sind, um die Werte aller LKZs über / unter die geforderten Schwellwerte zu verbessern, möglichst klein sein. Der Grund dafür ist, dass wir annehmen, dass der Netzbetreiber die Zeitdauer der Selbstorganisation klein halten möchte. Auf Grundlage dieser Überlegungen haben wir in [Ber+13a] die lokalen Suchmethoden (i) Simultaneous Perturbation Stochastic Approximation (SPSA) [Spa98], (ii) Nelder-Mead [NM65], und (iii) Coordinate Descent[1] [Cd] auf Ihre Tauglichkeit für eine neigungsbasierte online SND im DL untersucht. Da die Coordinate Descent Methode in unserer Untersuchung in [Ber+13a]

---

[1]Die verwendete Methode ist der Coordinate Descent Methode sehr ähnlich. Die Coordinate Descent Methode nach [Cd] bestimmt für jede Koordinate das Minimum der Optimierungsfunktion. Dies wäre in unserem Fall der online SND nicht zulässig, da dies sehr viele Iterationen benötigen würde und da große Änderungen in den Einstellung der Netzparameter vorgenommen werden müssten. Daher wurde die Methode wie in [Ber+13a] beschrieben für die online Selbstorganisation leicht angepasst. Der Einfachheit halber bezeichnen wir das Verfahren trotzdem als Coordinate Descent.

die besten Ergebnisse im Sinne der oben erwähnten Bedingungen liefert, schlagen wir diese als priorisierte Suchmethode vor.

Obwohl die Methode Simulated Annealing [KGJV83], wie bereits erwähnt, stark probabilistisch ist und oftmals eine große Anzahl an Iterationen für die Optimierung benötigt, benennen wir diese Methode als Alternative zur Coordinate Descent Methode. Wie wir im Kapitel 4 zeigen werden, erfüllt auch diese Methode die Anforderungen einer online Selbstorganisation, wenn eine entsprechend sehr konservative Parametereinstellung verwendet wird.

Wir möchten darauf hinweisen, dass die Bedingung, dass die Einstellung der Netzparameter nur in kleinen Schritten verändert werden können, zusammen mit der Vorgabe, dass die Werte der LKZs nur für beschränkte Zeitintervalle verschlechtert werden dürfen, die Möglichkeit aus lokalen Optima zu entfliehen stark verringert. Vereinfacht gesehen erkaufen wir die Absicherung gegen signifikante Verschlechterungen der Werte der LKZ durch eine geringere Wahrscheinlichkeit aus lokalen Optima zu entfliehen.

Im Folgenden wird diskutiert welche Optimierungsgröße die online Suchmethode betrachten soll.

3.3 Kostenfunktionen

Idee ist es LKZ-spezifische Kostenfunktionen zu erstellen, dessen Argumente die entsprechenden Werte der LKZs und dessen Werte einheitenlose Kosten sind. Die Kosten sollen ein Maß dafür sein, wie stark der Bedarf zur Verbesserung bzw. zur Selbstorganisation in einer bestimmten LKZ ist. Daher sind die Kostenfunktionen so definiert, dass ihre Kosten null sind, wenn der Wert der LKZ, für welche sie spezifisch sind, in einem für den Operator adäquaten Bereich ist. Überschreitet oder unterschreitet[2] der Wert der LKZ eine vom Operator definierte Schwelle, so entstehen Kosten, welche je größer werden, je mehr sich der Wert der LKZ vom adäquaten Bereich entfernt. Die simultane Selbstorganisation mehrerer LKZs wird realisiert, indem die akkumulierten Kosten aller LKZs von der online Suchmethode minimiert werden. Da die entstehenden Gesamtkosten durch die Anpassung der Parameter der Kostenfunktionen verändert werden können, kann die Selbstorganisation durch die Wahl der Parameter der Kostenfunktionen beeinflusst werden. Verringern wir beispielsweise den Schwellwert einer Kostenfunktion, so entstehen für die zugehörige LKZ weniger Kosten, was die Selbstorganisation mehr auf andere

---

[2]Je nachdem, ob der Wert der LKZ nicht zu groß oder nicht zu klein werden darf.

LKZs fokussieren lässt, da diese mehr Kosten verursachen. Diese Abhängigkeit des Ergebnisses der Selbstorganisation von den Kostenfunktionen ist gewollt. Auf diese Weise ist es dem Netzbetreiber möglich seine individuellen Ziele der Selbstorganisation durch die Wahl der Kostenfunktionen zu realisieren. Weiterhin möchten wir darauf hinweisen, dass es durch die Verwendung von Kostenfunktionen simpel ist zu einem bestehenden SON neue LKZs hinzuzufügen.

Da, wie bereits erwähnt, die Ergebnisse der Selbstorganisation von den Kostenfunktionen abhängen, ist deren genaue Definition ein wichtiger Bestandteil des SON Konzepts. Aus diesem Grund geben wir im Folgenden eine Punkt für Punkt Anleitung zur Erstellung der Kostenfunktionen:

1. **Festlegung des adäquaten Bereichs für jede LKZ.** Der adäquate Bereich einer jeden LKZ wird durch die Bestimmung des Schwellwertes[3] bestimmt. Unter- bzw. oberhalb dieses Schwellwertes ist der Operator mit dem Wert der LKZ zufrieden. Bei der Wahl des Schwellwertes sollte allerdings nicht nur das Ziel des Operators berücksichtigt werden, sondern auch die momentane Leistung des betrachteten Netzes in dieser LKZ. Die Gründe dafür sind zweifältig. Einerseits kann es sein, dass Potential zur Verbesserung des Wertes der LKZ ungenutzt bleibt, falls der Schwellwert zu konservativ gewählt wurde. Andererseits kann ein zu ambitioniert gesetzter Schwellwert auch kontraproduktiv sein, wenn das Netz trotz der Selbstorganisation diesen Wert nicht erreichen kann, jedoch ständig Netzparameter variiert, um sein Ziel dennoch zu erreichen. Allerdings kann letzteres Problem durch die Anwendung von Regelungstechnik behoben werden.

2. **Gesonderte Definition jeder Kostenfunktion für sich.** Zunächst setzten wir die Kosten zu Null für den gesamten adäquaten Bereich der LKZ. Abseits des adäquaten Bereichs sollte die Kostenfunktion (i) monoton, (ii) konvex, und (iii) mit begrenzter Steigung ansteigen. Die Kostenfunktion sollte monoton ansteigen, um mehr Kosten zu generieren, wenn der Wert der LKZ sich weiter von seinem adäquaten Bereich entfernt. Der Anstieg der Kostenfunktion sollte konvex sein, da konkave Funktionen in dem Sinne ungünstig sind, dass es möglich ist den Wert einer LKZ sehr stark vom adäquaten Bereich zu entfernen, ohne dass die Kosten stark ansteigen. Weiterhin sollte Eigenschaft (iii) gelten, da sehr starke Steigungen im Grenzbereich wie eine Stufenfunktion

---

[3]Falls für eine LKZ hohe und niedrige Werte ungünstig sind, so müssen zwei Schwellwerte für diese LKZ festgelegt werden

unendlicher Höhe wirken. Solche Funktionen sind jedoch ungünstig, da sie keine kontinuierliche Kostenzuteilung ermöglichen.

Daher schlagen wir einen Kostenanstieg der Form aK^n vor, wobei a, K und n ein Gewichtsfaktor, der Wert der LKZ und ein positiver Exponent sind. Die obigen Bedingungen an den Anstieg der Kostenfunktion lassen uns immer noch einigen Freiraum in der Wahl des Anstiegs der Kostenfunktionen (im Sinne der Wahl von a und n). Ohne Beschränkung der Allgemeingültigkeit schlagen wir vor, dass die Exponenten im Bereich von $n = 2 \ldots 4$ sein sollten, da so die Bedingungen (i) bis (iii) leicht erfüllt sind[4]. Der Gewichtsfaktor a sollte wie folgt gewählt werden.

3. **Skalierung der Kostenfunktionen zur Realisierung von Prioritäten**
   Eine Priorisierung zwischen den LKZs kann über das Einstellen des Anteils der Kosten der LKZs an den Gesamtkosten erreicht werden. Beispielsweise kann eine Priorisierung einer LKZ gegenüber einer zweiten LKZ geschehen, indem die Kostenfunktion der ersten LKZ so verändert wird, dass der Anteil der Kosten an den Gesamtkosten, welche durch die erste LKZ entstehen, höher sind als der Anteil der zweiten LKZ. Ist dies der Fall, so wird die Selbstorganisation mehr von der ersten LKZ beeinflusst, da hier mehr Kosten einzusparen sind. Wir schlagen vor, den Gewichtsfaktor a für diese Skalierung zu verwenden. Es ist darauf zu achten, dass für diese Skalierung die Werte der LKZs verwendet werden sollten, welche ohne Selbstorganisation des Netzes vorherrschen. Wird nur eine LKZ betrachtet, so kann $a = 1$ gewählt werden.

3.4 Zusammenfassung und Wesentliche Beiträge Jenseits des Stands der Technik

Wir führen ein allgemeines Konzept zur Selbstorganisation beliebig vieler LKZs ein, welches für den Fall entworfen wurde, dass das betrachtete Netz aufgrund fehlender Informationen nicht in einer Simulation modelliert werden kann. Der Ansatz ist es die Optimierungsziele des Operators für jede LKZ in LKZ-spezifischen Kostenfunktionen auszudrücken. Durch die Akkumulation aller Kostenfunktionen erhalten wir die Gesamtkosten, welche vom SON

---

[4]Exponenten, welche größer sind als 4, sind ebenfalls möglich, wobei jedoch bedacht werden muss, dass die Kostenfunktion mit steigendem Exponent mehr und mehr einer Stufenfunktion ähnelt.

minimiert werden soll. Da die Werte der LKZs für beliebige Einstellungen der Netzparameter nicht vorausgesagt werden können, verwendet das Konzept eine online Selbstorganisation, d.h. dass jede vorgeschlagene Einstellung der Netzparameter im realen Netz angewandt wird und die resultierenden Werte der LKZs über Messungen bestimmt werden. Aufgrund der online Selbstorganisation sind wir in der Wahl der Suchmethode, welche die Gesamtkosten minimieren soll, eingeschränkt. Wie wir im Abschnitt 4.4.6 sehen werden, können die Coordinate Descent Methode und die Simulated Annealing Methode bei konservativer Parametereinstellung den Anforderungen einer online Selbstorganisation gerecht werden. Daher werden diese Ansätze als bevorzugte Methoden zur Minimierung der Gesamtkosten verwendet. Das dieses Konzept für die Erstellung von SON Algorithmen dazu in der Lage ist adäquate Algorithmen für die Selbstorganisation mehrerer LKZs bei geringem Systemwissen zu erzeugen werden wir im folgenden Kapitel darlegen.

Wesentlicher Beitrag jenseits des Stands der Technik ist, dass mithilfe dieses Konzeptes erstmalig dargelegt wird wie eine Selbstorganisation mehrerer LKZs trotz geringem Systemwissens durchgeführt werden kann.

Wie in den Kapiteln 1 und 2 dargestellt, gibt es bisher wenige Beiträge im Feld der online Selbstorganisation. Weiterhin wurde dem Operationsmodus online SON bzw. wurde der Selbstorganisation bei geringem Systemwissen noch nicht viel Beachtung geschenkt. Daher gibt es außer unseres eigenen Beitrages [Ber+15] keinerlei veröffentlichte Arbeiten, welche die Konsequenzen und mögliche Lösungen für eine Selbstorganisation bei geringem Systemwissen darlegen.

Simultane Downlink und Uplink Selbstorganisation der Netzabdeckung und des Datendurchsatzes

4

Dieses Kapitel wendet das in Kapitel 3 vorgeschlagene SON Konzept zur neigungsbasierten simultanen DL und UL SND an. Nach der Einführung des Systemmodells stellen wir ein zu lösendes Problem der Selbstorganisation auf. Daraufhin präsentieren wir die zur Lösung vorgesehenen Algorithmen und evaluieren diese in einer Simulation eines realen innerstädtischen LTE Netzes. Außerdem diskutieren wir die Anwendbarkeit der Algorithmen für eine online Selbstorganisation, untersuchen den Einfluss der gewählten Kostenfunktionen auf die Ergebnisse der Algorithmen und diskutieren Aspekte der Nutzung in der Praxis.

Die in diesem Kapitel präsentierten Forschungsergebnisse basieren auf den in [Ber+13a; Ber+14a; Ber+14d; Ber+15; Ber+13d; BFF12] veröffentlichten Arbeiten.

4.1 System Model

Diese Arbeit verwendet im DL das Systemmodel, welches in [VDL09] veröffentlicht wurde, und im UL das Systemmodel aus [VLS10]. Wir möchten darauf hinweisen, dass wir in den Simulationen eine per-Pixel basierte Beschreibung der DL und UL Systemmodelle verwenden, während wir im Folgenden der Einfachheit halber eine per-Nutzer basierte Darstellung präsentieren. Der Übergang von der per-Nutzer basierten Beschreibung zur per-Pixel basierten Version kann vollzogen werden, indem man anstelle von Nutzern nur Pixel betrachtet und jedem Pixel u_p eine Nutzerdichte $\lambda(u_p)$ zuweist.

Dieser Abschnitt fokussiert sich auf die Beschreibung des fünften Perzentils der DL und UL Nutzerraten sowie der DL und UL Netzabdeckung, da diese Metriken die wesentlichen für diese Arbeit sind.

4.1.1 Downlink

Wir modellieren ein LTE OFDMA (Orthogonal Frequency Division Multiple Access) Netz, welches aus mehreren sektorisierten BSs besteht, die eine Fläche $\mathcal{R} \in \mathbb{R}^2$ abdecken. Jeder Sektor s bedient eine Zelle mit der Fläche $\mathcal{R}_s$. Diese Fläche ist definiert als

$$\mathcal{R}_s = \{u \in \mathcal{R} \mid s = \text{argmax}_v \check{P}_{\text{rx},v}(u), \check{P}_{\text{rx},s}(u) \geq \check{P}_{\text{rx, min}}\}. \tag{4.1}$$

$\check{P}_{\text{rx},v}(u)$ und $\check{P}_{\text{rx, min}}$ bezeichnen die DL Empfangsleistung von Sektor v am Ort u und die minimal nötige DL Empfangsleistung. Das Territorium einer Zelle wird definiert als

$$\tilde{\mathcal{R}}_s = \{u \in \mathcal{R} \mid s = \text{argmax}_v \check{P}_{\text{rx},v}(u)\}. \tag{4.2}$$

Es ist zu beachten, dass $\mathcal{R}_s \subset \tilde{\mathcal{R}}_s \; \forall s$ gilt. Ein Benutzer verbindet sich immer zu dem Sektor in dessen Territorium er sich aufhält, d.h. die Verbindungsfunktion kann definiert werden als $s = X(u) = \text{argmax}_v \check{P}_{\text{rx},v}(u)$. Wir definieren die Signal-zu-Interferenz-und-Rauschen-Rate $\check{\gamma}(u)$ (SINR, engl. signal-to-interference-and-noise-ratio) eines Nutzers am Ort u als

$$\check{\gamma}(u) = \frac{\check{P}_{\text{rx},X(u)}(u)}{\sum_{v \neq X(u)} \rho_v \cdot \check{P}_{\text{rx},v}(u) + P_{\text{Rauschen}}}, \tag{4.3}$$

wobei ρ_v und P_{Rauschen} die Zelllast von Sektor v und die Rauschleistung sind. Da wir wie in [VDL09] ein „full buffer"-Modell verwenden, unterschätzen wir die SINR $\check{\gamma}(u)$ was wir aufgrund der geringen Rechenkomplexität des Modells akzeptieren. Wir berechnen den DL Datendurchsatz $\check{r}(u)$ eines Nutzers am Ort u mittels der Shannon-Formel, unter Annahme eines ressourcenfairen Schedulers und mit einer oberen Schranke von 6 bps/Hz[1], d.h.

$$\check{r}(u) = \frac{W}{N_s} \cdot \min\{\log_2(1 + \check{\gamma}(u)), 6\}, \tag{4.4}$$

wobei W und N_s die maximal verfügbare Bandbreite und die Anzahl der Nutzer in der Zelle $s = X(u)$ sind. In Gleichung 4.4 realisieren wir eine faire Ressourcenzuteilung, indem alle Nutzer einer Zelle s die gleiche Bandbreite

---

[1]In LTE beträgt die spektrale Effizienz maximal 6 bps/Hz, da das höchstwertigste Modulationsverfahren 64-QAM (Quadraturamplitudenmodulation) ist und somit ein Symbol maximal 6 bit an Daten transportieren kann.

$\frac{W}{N_s}$ erhalten. Wir definieren die kumulative Verteilungsfunktion (engl. cumulative distribution function, CDF) aller DL Datendurchsätze der Nutzer im Gebiet $\mathcal{R}$ als $f_{\mathcal{R}}(\check{r})$. Wir möchten darauf hinweisen, dass wir in der CDF $f_{\mathcal{R}}(\check{r})$ die Datendurchsätze *aller* Nutzer in $\mathcal{R}$ sammeln, d.h. wir bedenken auch die Nutzer, welche nicht verbunden sind und weisen Ihnen einen Datendurchsatz von $0\,\mathrm{kbps}$ zu. Das fünfte Perzentil der DL Nutzerraten in $\mathcal{R}$ definieren wir als

$$\check{Q}_{\mathcal{R}}^5 = \inf\{\check{r} \in \mathcal{R} \mid f_{\mathcal{R}}(\check{r}) \geq 0.05\}. \tag{4.5}$$

Mittels dieser allgemeinen Definition, beschreiben wir das fünfte Perzentil der DL Datendurchsätze in Bezug auf jedes beliebige Gebiet. So erhalten wir z.B. das fünfte Perzentil der DL Datendurchsätze des Sektors s indem wir einfach $\mathcal{R}$ durch $\mathcal{R}_s$ in Gleichung (4.5) ersetzen. Im Folgenden werden wir das fünfte Perzentil der DL Datendurchsätze als DL Perzentil abkürzen. Wir definieren die DL Netzabdeckung $\check{C}_{\mathcal{R}}$ in der Fläche $\mathcal{R}$ als das Verhältnis der im DL zum Netz verbundenen Nutzer zu der Gesamtzahl der Nutzer, d.h.

$$\check{C}_{\mathcal{R}} = \frac{\check{N}_{\mathcal{R}}^{\mathrm{cov}}}{\check{N}_{\mathcal{R}}^{\mathrm{cov}} + \check{N}_{\mathcal{R}}^{\mathrm{uncov}}}, \tag{4.6}$$

wobei $\check{N}_{\mathcal{R}}^{\mathrm{cov}}$ und $\check{N}_{\mathcal{R}}^{\mathrm{uncov}}$ die Anzahl der im DL verbundenen und die Anzahl der im DL nicht verbundenen Nutzer in $\mathcal{R}$ sind. Ein Nutzer am Ort u ist im DL verbunden, wenn $\exists v : \check{P}_{\mathrm{rx},v}(u) \geq \check{P}_{\mathrm{rx,\,min}}$. Wir möchten darauf hinweisen, dass wir die Netzabdeckung in einer pro-Nutzer Perspektive anstatt in einer pro-Fläche Perspektive definieren, da wir annehmen, dass wir die genauen Standorte der Nutzer nicht kennen. Die Netzabdeckung eines Sektors s wird bezüglich seines Territoriums definiert, d.h. sie ergibt sich nach Gleichung (4.6) zu $\check{C}_{\mathcal{R}_s} = \check{N}_{\mathcal{R}_s}^{\mathrm{cov}}/\check{N}_{\mathcal{R}_s}^{\mathrm{cov}} + \check{N}_{\mathcal{R}_s}^{\mathrm{uncov}}$. Wir möchten darauf hinweisen, dass wir in Abschnitt 4.5 diskutieren, wie die LKZs Netzabdeckung und Datendurchsatz in Praxis gemessen werden können.

4.1.2 Uplink

Wir modellieren den LTE UL, d.h. ein Einzelträger FDMA (engl. frequency devision mulitple access) System. Im LTE UL wird die Sendeleistung eines jeden Nutzers durch die Sendeleistungsregelung, spezifiziert in [3GP14a], eingestellt. Die Sendeleistungsregelung besteht aus einer offenen und geschlossenen Regelschleife. Wir konzentrieren uns auf die offene Regelschleife, da wir in dieser Arbeit die langsamen Kanalveränderungen (Pfadverlust und Abschattung) kompensieren wollen. Die offene Regelschleife der Sendeleistungsregelung ist wie folgt bestimmt:

$$\hat{P}_{\text{tx}}(u) = \min\{\hat{P}_{\max}, P_{0,X(u)} + \alpha_{X(u)}L_{X(u)}(u) + 10\log_{10}(M(u)) + \Delta_{\text{mcs}}\} \text{ [dB]},$$
$$(4.7)$$

wobei $\hat{P}_{\text{tx}}(u)$, $\hat{P}_{\max}$, $L_{X(u)}(u)$, und $M(u)$ die UL Sendeleistung eines Nutzers am Ort u, die maximale UL Sendeleistung, die zeitlich gemittelte[2] Signalabschwächung in dB zwischen Sektor $X(u)$ und Ort u, und die Anzahl der Physikalischen Ressourcenblöcke (PRB, engl. physical ressource blocks, $180\,\text{kHz}$ und $0.5\,\text{ms}$), welche dem Nutzer am Ort u im UL[3] zugeordnet sind. Δ_{mcs} ist ein Parameter, welcher von dem verwendeten Modulations- und Kodierungsverfahren abhängt. Wir nehmen an, dass die Signalabschwächung $L_s(u)$ zwischen Sektor s und Ort u im DL und UL identisch ist und als $L_s(u) = \hat{P}_{\text{tx}}(u) - \hat{P}_{\text{rx},s}(u) = \check{P}_{\text{tx},s} - \check{P}_{\text{rx},s}(u)$ (d.h. $L_s(u) > 0\ \forall u, s$) definiert ist [4], d.h. $L_s(u)$ enthält Pfadverlust, Abschattung und Antennengewinne. Dabei sind $\hat{P}_{\text{rx},s}(u)$ und $\check{P}_{\text{tx},s}$ die UL Empfangsleistung des Signals eines Nutzers am Ort u am Sektor s und die Sendeleistung des Sektors s. $P_{0,X(u)}$ und $\alpha_{X(u)}$ sind sektorspezifsche Parameter der Sendeleistungskontrolle nach [3GP14a]. Es gilt $P_{0,X(u)} \in A \subset \mathbb{Z}$ (in dBm) with $A := \{-126, \ldots, 24\}$ und $\alpha_{X(u)} \in \{0, 0.4, 0.5, 0.6, 0.7, 0.8, 0.9, 1\}$. Im folgenden werden wir den Beitrag Δ_{mcs} zu Null setzen, um den Fokus auf die für uns relevanten Parameter $P_{0,X(u)}$, $\alpha_{X(u)}$ und $M(u)$ zu behalten. Vernachlässigen wir den Teil $10\log_{10}(M(u))$ in Gleichung (4.7), so erhalten wir die UL Sendeleistung pro PRB der offenen Regelschleife, bezeichnet als $\hat{P}_{\text{tx}}^{\text{PRB}}(u)$. Wir möchten darauf hinweisen, dass die UL Nutzerzuordnung durch den DL gegeben ist, d.h. durch die gleiche Verbindungsfunktion $X(u)$.

Im UL verwenden wir einen modifizierten ressourcenfairen Scheduler aus

---

[2]Zeitlich so lang gemittelt, dass das schnelle Fading vernachlässigt werden kann.

[3]Wir fügen der Anzahl der UL PRBs $M(u)$ kein UL-Symbol hinzu, da wir in dieser Arbeit keine variable für die Anzahl der DL PRBs benötigen und die Bezeichnung somit eindeutig ist.

[4]LTE verwendet die Multiplexverfahren Zeitduplex (TDD, engl. time division duplex) und Frequenzduplex (FDD, engl. frequency division duplex). Beim FDD LTE ist die Duplex Separation zwischen DL und UL je nach gewählten Band zwischen $10\,\text{MHz}$ und einigen hundert MHz groß. Da dieser Unterschied in der Trägerfrequenz nur einen vernachlässigbar kleinen Einfluss auf die zeitlich gemittelte Signalabschwächung hat [3GP09], können wir die DL und UL Signalabschwächung als identisch ansehen.

[VLS10][5]. Dieser Scheduler arbeitet ressourcenfair, solange für alle Nutzer die Anzahl der PRBs, welche sie nach ressourcenfairer Aufteilung erhalten würden, kleiner oder gleich ihrer maximal möglichen Anzahl an PRBs $M_{\max}(u)$ ist. $M_{\max}$ is definiert als

$$M_{\max}(u) = \max\{1, \text{floor}(\hat{P}_{\max}/\hat{P}_{\text{tx}}^{\text{PRB}}(u))\}, \tag{4.8}$$

da ein Nutzer nie mit einer Sendeleistung größer als $P_{\max}$ senden kann. Kann der Scheduler einem Nutzer nicht den ressourcenfairen Anteil zuweisen, so erhält dieser $M_{\max}(u)$ PRBs. Wir modellieren die Entscheidungen des Schedulers mittels eines Zufallsprozesses, in welchem jeder Nutzer eine bestimmte Wahrscheinlichkeit hat, dass er für einen PRB vorgesehen ist. Infolgedessen hängt auch die UL SINR von den zufälligen Entscheidungen des Schedulers ab. Den UL Datendurchsatz eines Nutzers berechnen wir wie im DL mittels der Shannon-Formel und der Anwendung einer oberen Schranke der Spektralen Effizienz von 6 bps/Hz und unter der Verwendung einer mittleren Interferenz. Ersetzen wir in Gleichung (4.5) den DL Datendurchsatz $\check{r}$ und die DL CDF $f_{\mathcal{R}}(\check{r})$ mit dem UL Datendurchsatz $\hat{r}$ und der UL CDF $f_{\mathcal{R}}(\hat{r})$, so erhalten wir das fünfte Perzentil der UL Datendurchsätze (kurz: UL Perzentil)

$$\hat{Q}_{\mathcal{R}}^5 = \inf\{\hat{r} \in \mathcal{R} \mid f_{\mathcal{R}}(\hat{r}) \geq 0.05\}. \tag{4.9}$$

Auf die gleiche Weise erhalten wir die Definition für die UL Netzabdeckung (Ersetzung der DL Metriken mit den entsprechenden UL Metriken):

$$\hat{C}_{\mathcal{R}} = \frac{\hat{N}_{\mathcal{R}}^{\text{cov}}}{\hat{N}_{\mathcal{R}}^{\text{cov}} + \hat{N}_{\mathcal{R}}^{\text{uncov}}}, \tag{4.10}$$

wobei $\hat{N}_{\mathcal{R}}^{\text{cov}}$ und $\hat{N}_{\mathcal{R}}^{\text{uncov}}$ die Anzahl der im UL verbundenen und nicht verbundenen Nutzer in der Fläche $\mathcal{R}$ sind. Die UL Netzabdeckung einer Zelle ist wiederum bezüglich dessen Territorium definiert, d.h. $\hat{C}_{\bar{\mathcal{R}}_s} = \hat{N}_{\bar{\mathcal{R}}_s}^{\text{cov}}/\hat{N}_{\bar{\mathcal{R}}_s}^{\text{cov}} + \hat{N}_{\bar{\mathcal{R}}_s}^{\text{uncov}}$.

4.2 Problemstellung

Zur Anwendung des in Kapitel 3 vorgeschlagenen Konzeptes möchten wir die folgende hypothetische Problemstellung lösen, welche ausgehend von

---

[5]In [VLS10] wird dieser Scheduler als „modified resource fair" bezeichnet.

der Perspektive eines Netzbetreibers abgeleitet wurde.

Unser Ziel ist es die Netzabdeckung als auch den Datendurchsatz im DL sowie UL über einen gewissen minimalen Schwellwert anzuheben oder zu halten. Wir möchten unsere Bemühungen auf die Netzabdeckung konzentrieren, falls deren minimaler Schwellwert nicht erreicht ist. Sind die Anforderungen an die Netzabdeckung jedoch erfüllt, so soll sich das SON auf den Datendurchsatz konzentrieren, da sehr hohe Werte der Netzabdeckung typischerweise mit einer hohen Interferenz einhergeht, was niedrige SINRs, d.h. geringere Datendurchsätze, zur Folge hat. Bei der Selbstorganisation des Datendurchsatzes konzentrieren wir uns auf die Nutzer am Zellrand, d.h. auf das fünfte Perzentil der DL und UL Datendurchsätze. Wir fokussieren uns auf die Nutzer am Zellrand, da diese am stärksten von einer schlechten Dienstgüte betroffen sind. Da bei der Festlegung der Schwellwerte für die LKZs auch das zu selbstorganisierende Netz bedacht werden muss, definieren wir die Schwellwerte erst im Abschnitt 4.4. Eine weitere Anforderung ist, dass wir eine leichte Priorisierung des DLs gegenüber des ULs durchsetzen wollen.

4.3 Algorithmen

Die im folgenden beschriebenen Algorithmen basieren auf den in Kapitel 3 eingeführten Konzept und wurden, wie hier vorgestellt oder in vorläufigen Ausführungen, in [Ber+13a; Ber+14a; Ber+14d; Ber+15] veröffentlicht. Dieser Abschnitt konzentriert sich auf die Darstellung der Algorithmen. Eine Evaluation und Diskussion wird in den darauffolgenden Abschnitten durchgeführt.

4.3.1 Downlink und Uplink

Die diesem Abschnitt präsentieren wir Algorithmen, welche den DL und UL simultan betrachten.

Mittels Coordinate Descent Methode

Um unsere oben aufgestellten Ziele der Selbstorganisation zu adressieren verwenden wir vier Kostenfunktionen:

- $\check{\varphi}_C$ für die DL Netzabdeckung,
- $\hat{\varphi}_C$ für die UL Netzabdeckung,
- $\check{\varphi}_Q$ für den DL Datendurchsatz,
- $\hat{\varphi}_Q$ für den UL Datendurchsatz.

Für die exakte Definition der Kostenfunktionen müssen wir unter anderem das Netz, welches sich selbstorganisieren soll, bedenken. Da wir das betrachtete Simulationsszenario erst in Abschnitt 4.4 einführen werden, definieren wir erst danach die Kostenfunktionen. Für jetzt akzeptieren wir hier, dass die obigen Kostenfunktionen verfügbar sind, ohne dass deren genaue Gestalt bekannt ist. Mittels dieser Kostenfunktionen kann das SON den Algorithmus zur Netzüberwachung und Clustereinrichtung, welcher als Pseudocode 1 präsentiert ist, durchführen. Nach diesem Algorithmus misst jeder Sektor s zunächst die nötigen Statistiken zur Bestimmung der Netzabdeckung und des Datendurchsatzes ($\check{N}_{\tilde{\mathcal{R}}_s}^{\mathrm{cov}}$, $\check{N}_{\tilde{\mathcal{R}}_s}^{\mathrm{uncov}}$, $\hat{N}_{\tilde{\mathcal{R}}_s}^{\mathrm{cov}}$, $\hat{N}_{\tilde{\mathcal{R}}_s}^{\mathrm{uncov}}$, $f_{\mathcal{R}_s}(\check{r})$, $f_{\mathcal{R}_s}(\hat{r})$) und berechnet daraufhin seine Sektorkosten, welche wir als Φ_s bezeichnen, indem er alle Einzelkosten aufsummiert. Hat ein Sektor Kosten ungleich Null, so erstellt der Algorithmus um den Sektor mit den höchsten Sektorkosten die Cluster $\mathcal{C}$ und $\tilde{\mathcal{C}}$. Der Cluster $\mathcal{C}$ besteht aus dem Sektor t_0 und den Nachbarsektoren erster und zweiter Stufe des Sektors t_0. Der Cluster $\tilde{\mathcal{C}}$ besteht nur aus dem Sektor t_0 und den Nachbarsektoren erster Stufe des Sektors t_0. Die Flächen, welche von den Clustern $\mathcal{C}$ und $\tilde{\mathcal{C}}$ abgedeckt werden, bezeichnen wir mit $\mathcal{R}_\mathcal{C}$ und $\mathcal{R}_{\tilde{\mathcal{C}}}$. Im nächsten Schritt berechnet der Algorithmus die Kosten bezogen auf den Cluster $\mathcal{C}$, welche wir mit $\Phi_\mathcal{C}$ bezeichnen.

Daraufhin wird der Algorithmus, welcher der Coordinate Descent Methode nach [Cd] ähnelt und im Pseudocode 2 präsentiert ist, angewandt. Der Unterschied zwischen der Coordinate Descent Methode und dem in Pseudocode 2 präsentierten Algorithmus ist, dass (i) das Finden der richtigen Suchrichtung durch 2 aufeinanderfolgende Neigungsänderungen um jeweils $+1\,°$ oder $-1\,°$ erreicht wird anstatt über die Berechnung eines Gradienten und (ii) dass die Suche entlang einer Koordinate nicht einem Line Search [Lin] entspricht, sondern in festen Schritten von jeweils zwei mal $+1\,°$ oder $-1\,°$ durchgeführt wird. Diese Abweichungen haben wir eingeführt, um den Algorithmus auf die Anforderungen einer online Selbstorganisation anzupassen. Weiterhin möchten wir darauf hinweisen, dass die Suche nach neuen Neigungen in Zeile 7 von Pseudocode 1 auf den kleineren Cluster $\tilde{\mathcal{C}}$ beschränkt ist, um Randeffekte zu vermeiden bzw. zu minimieren.

Im Pseudocode 2 bezeichnet P_s^ω die Neigung an Sektor s zur Iteration ω.

Pseudocode 1 Netzüberwachung und Clustereinrichtung

Eingabe: messe $\check{N}^{\text{cov}}_{\check{\mathcal{R}}_s}$, $\check{N}^{\text{uncov}}_{\check{\mathcal{R}}_s}$, $\hat{N}^{\text{cov}}_{\hat{\mathcal{R}}_s}$, $\hat{N}^{\text{uncov}}_{\hat{\mathcal{R}}_s}$, $f_{\mathcal{R}_s}(\check{r})$, $f_{\mathcal{R}_s}(\hat{r})$ $\forall$ Sektoren s

1:   $\check{C}_{\check{\mathcal{R}}_s} \leftarrow \check{N}^{\text{cov}}_{\check{\mathcal{R}}_s}/\check{N}^{\text{cov}}_{\check{\mathcal{R}}_s} + \check{N}^{\text{uncov}}_{\check{\mathcal{R}}_s}$

     $\hat{C}_{\hat{\mathcal{R}}_s} \leftarrow \hat{N}^{\text{cov}}_{\hat{\mathcal{R}}_s}/\hat{N}^{\text{cov}}_{\hat{\mathcal{R}}_s} + \hat{N}^{\text{uncov}}_{\hat{\mathcal{R}}_s}$

     $\check{Q}^5_{\check{\mathcal{R}}_s} \leftarrow \inf\{\check{r} \in \mathcal{R}_s \mid f_{\mathcal{R}_s}(\check{r}) \geq 0.05\}$

     $\hat{Q}^5_{\hat{\mathcal{R}}_s} \leftarrow \inf\{\hat{r} \in \mathcal{R}_s \mid f_{\mathcal{R}_s}(\hat{r}) \geq 0.05\}$ $\forall s$

2:   $\Phi_s \leftarrow \check{\varphi}_Q(\check{Q}^5_{\check{\mathcal{R}}_s}) + \hat{\varphi}_Q(\hat{Q}^5_{\hat{\mathcal{R}}_s}) + \check{\varphi}_C(\check{C}_{\check{\mathcal{R}}_s}) + \hat{\varphi}_C(\hat{C}_{\hat{\mathcal{R}}_s})$ $\forall s$

3: **falls** $\exists s : \Phi_s > 0$ **dann**

4:     Erstelle die Cluster $\mathcal{C}$ und $\tilde{\mathcal{C}}$ um den Sektor $t_0 = \text{argmax}_s\{\Phi_s\}$; Die Flächen dieser Cluster werden als $\mathcal{R}_\mathcal{C}$ und $\mathcal{R}_{\tilde{\mathcal{C}}}$ bezeichnet.

5:     $\check{C}_{\mathcal{R}_\mathcal{C}} \leftarrow \sum_{s \in \mathcal{C}} \check{N}^{\text{cov}}_{\check{\mathcal{R}}_s}/\sum_{s \in \mathcal{C}}\{\check{N}^{\text{cov}}_{\check{\mathcal{R}}_s} + \check{N}^{\text{uncov}}_{\check{\mathcal{R}}_s}\}$

     $\hat{C}_{\mathcal{R}_\mathcal{C}} \leftarrow \sum_{s \in \mathcal{C}} \hat{N}^{\text{cov}}_{\hat{\mathcal{R}}_s}/\sum_{s \in \mathcal{C}}\{\hat{N}^{\text{cov}}_{\hat{\mathcal{R}}_s} + \hat{N}^{\text{uncov}}_{\hat{\mathcal{R}}_s}\}$

     $\check{Q}^5_{\mathcal{R}_\mathcal{C}} \leftarrow \inf\{\check{r} \in \mathcal{R}_\mathcal{C} \mid f_{\mathcal{R}_\mathcal{C}}(\check{r}) \geq 0.05\}$

     $\hat{Q}^5_{\mathcal{R}_\mathcal{C}} \leftarrow \inf\{\hat{r} \in \mathcal{R}_\mathcal{C} \mid f_{\mathcal{R}_\mathcal{C}}(\hat{r}) \geq 0.05\}$, wobei sich $f_{\mathcal{R}_\mathcal{C}}$ und $f_{\mathcal{R}_\mathcal{C}}$ durch das Aufsummieren der CDFs aller Sektoren $s \in \mathcal{C}$ ergeben

6:     $\Phi_\mathcal{C} \leftarrow \check{\varphi}_Q(\check{Q}^5_{\mathcal{R}_\mathcal{C}}) + \hat{\varphi}_Q(\hat{Q}^5_{\mathcal{R}_\mathcal{C}}) + \check{\varphi}_C(\check{C}_{\mathcal{R}_\mathcal{C}}) + \hat{\varphi}_C(\hat{C}_{\mathcal{R}_\mathcal{C}})$

7:     Wende die Coordinate Descent Methode an, um die Neigungen der Sektoren $s \in \tilde{\mathcal{C}}$ zu finden, welche $\Phi_\mathcal{C}$ minimieren

8: **ende falls**

9: Gehe zu Schritt 1.

Der Algorithmus nach Pseudocode 2 wählt die Neigung eines Sektors (einer Koordinate) aus und optimiert dessen Neigung bzgl. der Clusterkosten $\Phi_\mathcal{C}$. Danach wird der nächste Sektor (eine andere Koordinate) ausgewählt. Diese Suche entspricht nicht exakt der Coordinate Descent Methode nach [Cd], ist ihr jedoch sehr ähnlich. Daher bezeichnen wir die Methode als Coordinate Descent. Wir möchten darauf hinweisen, dass aufgrund der online Selbstorganisation die Aktualisierung von $\Phi^\omega_\mathcal{C}$ im Pseudocode 2 (siehe Zeile 5, 10, 11 und 19) es erfordert, dass die nötigen Statistiken zur Bestimmung der Netzabdeckung und des Datendurchsatzes ($\check{N}^{\text{cov}}_{\check{\mathcal{R}}_s}$, $\check{N}^{\text{uncov}}_{\check{\mathcal{R}}_s}$, $\hat{N}^{\text{cov}}_{\hat{\mathcal{R}}_s}$, $\hat{N}^{\text{uncov}}_{\hat{\mathcal{R}}_s}$, $f_{\mathcal{R}_s}(\check{r})$, $f_{\mathcal{R}_s}(\hat{r})$ $\forall s \in \mathcal{C}$) neu gemessen werden müssen.

Im folgenden bezeichnen wir den hier beschriebenen Algorithmus zur simultanen DL und UL SND mittels der Coordinate Descent Methode, d.h. die Kombination aus Pseudocode 1 und 2, kurz als **DLUL-CD** Algorithmus.

Wir möchten darauf hinweisen, dass im Pseudocode 1 bewusst auf der Ebene einzelner Sektoren nach kritischen Situationen (Werte der LKZs unter dem Schwellwert) im Netz gesucht wird (siehe Zeilen 1 bis 3) und danach auf der Ebene eines Clusters bestehend aus mehreren Sektoren nach neuen Neigungen gesucht wird. Hintergrund dieses Vorgehens ist folgender: Zum

Pseudocode 2 Coordinate Descent Methode

Eingabe: s_0, $k = 1$, $v = w = 0$ und von Pseudocode 1: $\mathcal{C}$, $\tilde{\mathcal{C}}$, $\Phi_{\mathcal{C}}$, P_s^ω $\forall s$

1: **wiederhole**
2:    **für** $s = s_0, s_1, s_2, s_3, s_4$, wobei $s_1, \ldots, s_4$ die vier nächsten Nachbarn von Sektor s_0 in $\tilde{\mathcal{C}}$ bezeichnen **ausführen**
3:       wähle zufällige Suchrichtung δ von $\mathbf{\Delta} = \{+1°, -1°\}$.
4:       **solange** $k \leq 2$ **ausführen**
5:          $w \leftarrow w + 1$, $P_s^w \leftarrow P_s^w + \delta$, berechne $\Phi_{\mathcal{C}}^w$, $k \leftarrow k + 1$
6:       **ende solange**
7:       $\Delta\Phi_{\mathcal{C}}^w = \Phi_{\mathcal{C}}^w - \Phi_{\mathcal{C}}^{w-2}$
8:       **falls** $\Delta\Phi_{\mathcal{C}}^w \geq 0$ **dann**
9:          invertiere Suchrichtung: $\delta \leftarrow -\delta$
10:          $w \leftarrow w + 1$, $P_s^w \leftarrow P_s^{w-2} + \delta$, berechne $\Phi_{\mathcal{C}}^w$
11:          $w \leftarrow w + 1$, $P_s^w \leftarrow P_s^w + \delta$, berechne $\Phi_{\mathcal{C}}^w$
12:          $\Delta\Phi_{\mathcal{C}}^w = \Phi_{\mathcal{C}}^w - \Phi_{\mathcal{C}}^{w-2}$
13:          **falls** $\Delta\Phi_{\mathcal{C}}^w \geq 0$ **dann**
14:             beende die Suche, wähle $P_s^{w'}$ wobei $w' = \mathrm{argmin}_w \Phi_{\mathcal{C}}^w$
15:          **ende falls**
16:       **ende falls**
17:       $k \leftarrow 1$
18:       **solange** $k \leq 2$ **ausführen**
19:          $w \leftarrow w + 1$, $P_s^w \leftarrow P_s^w + \delta$, berechne $\Phi_{\mathcal{C}}^w$, $k \leftarrow k + 1$
20:       **ende solange**
21:       $\Delta\Phi_{\mathcal{C}}^w = \Phi_{\mathcal{C}}^w - \Phi_{\mathcal{C}}^{w-2}$
22:       **falls** $\Delta\Phi_{\mathcal{C}}^w \geq 0$ **oder** $w \geq 10$ **dann**
23:          beende die Suche, wähle $P_k^{w'}$ wobei $w' = \mathrm{argmin}_w \Phi_{\mathcal{C}}^w$
24:       **ende falls**
25:       Springe zu Zeile 17
26:    **ende für**
27:    $v \leftarrow v + 1$
28: **bis** $v = 3$ or $\Phi_{\mathcal{C}}^w = 0$

---

einen ist eine Selbstorganisation auf Ebene einzelner Sektoren nachteilig in dem Sinne, dass (ohne Wichtung zwischen den Sektoren) jedem Sektor die gleiche Wichtigkeit zugeschrieben wird. Da allerdings manche Sektoren kaum Nutzer bedienen und andere möglicherweise sehr viele Nutzer bedienen, ist es unvorteilhaft die Selbstorganisation des Sektors, welcher stark gefüllt ist, wesentlich von der Selbstorganisation eines nahezu leeren Sektors abhängig zu machen.

Eine Lösung ist, dass wir die Selbstorganisation nicht auf LKZs in einzelnen Sektoren beziehen sondern die Statistiken zur Bestimmung der LKZs aus vielen Zellen zusammenfassen und auf Grundlage dieser Daten die LKZs bestimmen (siehe Zeilen 4 und 5 in Pseudocode 1). Die so erhaltenen LKZs sind unabhängig von der Sektorzugehörigkeit der Nutzer. Verwenden wir diese LKZs zur Selbstorganisation so bedenken wir inhärent die aktuelle Verteilung der Nutzer. Nachteil dieses Ansatzes ist jedoch der folgende: Da die LKZs auf Grundlage von den Messungen mehrerer bzw. vieler Sektoren erstellt werden, ist der zugrundeliegende Datensatz groß. Verbessert man nun z.B. das fünfte Perzentil der Datendurchsätze, so sind die fünf Prozent der Nutzer, welche geringere Datendurchsätze als die des fünften Perzentils haben, immer noch eine relativ große Anzahl. Diese vielen Nutzer könnten im ungünstigsten Fall nun alle an einem Standort konzentriert sein und dort dauerhaft eine schlechte Netzgüte erfahren. Daher haben wir uns für einen Kompromiss entschieden, bei welchen das Netz auf Sektorebene nach kritischen LKZs abgesucht wird und im Bezug auf eine größere Fläche (bzgl. des Clusters $\mathcal{C}$) die Neigungen angepasst werden. Wie wir anhand von Simulationsergebnissen im Abschnitt 4.4 sehen werden, ist dieser Kompromiss eine adäquate Lösung.

Mittels Simulated Annealing Methode

Abgesehen von der Selbstorganisation mittels der Coordinate Descent Methode untersuchen wir noch einen Algorithmus, welcher die Methode Simulated Annealing (SA) verwendet. SA ist eine metaheuristische Optimierungsmethode, welche von Kirkpatrick et al. in [KGJV83] eingeführt wurde. Die Methode ahmt die langsame Abkühlung eines Festkörpers nach. Wichtiges Merkmal der SA Methode ist, dass neue Parameterkonfigurationen auch akzeptiert werden können, wenn sie schlechter sind als die vorherige Parameterkonfiguration. Auf diese Weise kann die Methode lokale Optima verlassen. Gleichzeitig ist das Akzeptieren schlechterer Parameterkonfigurationen jedoch nachteilig für eine online Selbstorganisation. Im folgenden präsentieren wir den Algorithmus. Wir diskutieren die Eigenschaften des Algorithmus später, wenn uns die Simulationsergebnisse vorliegen.

Auch dieser Algorithmus folgt zunächst Pseudocode 1, wobei das verwendete Cluster, bezeichnet als $\hat{\mathcal{C}}$, im Gegensatz zum DLUL-CD Algorithmus aus sämtlichen betrachteten Sektoren gebildet wird. Wir verwenden $\hat{\mathcal{C}}$ für die Suche nach einer neuen Einstellung der Neigungen anstelle von $\mathcal{C}$, um mit diesem Algorithmus eine Alternative zum vergleichbar achtsam vorgehenden Coordinate Descent basiertem Ansatz zu schaffen. Da die SA Methode alle zur Verfügung gestellten Netzparameter (d.h. alle Neigungen in $\hat{\mathcal{C}}$) in einer

Iteration *zugleich* verändern kann, sind die vorgeschlagenen Veränderungen im Netz tendenziell größer als bei der Coordinate Descent Methode. Weiterhin verwendet dieser Algorithmus in Zeile 7 von Pseudocode 1 nicht den Pseudocode 2 sondern die SA Methode, welche in Pseudocode 3 präsentiert ist. In diesem Pseudocode sind ω, k, ω_{max} und ω_{rean} der Iterationsindex, ein weiterer Iterationsindex, die maximale Anzahl von Iterationen und die Anzahl der Iterationen bis zum zurücksetzen der Temperatur (engl. Reannealing). Die Temperatur wird mit T bezeichnet. $\mathbf{P}^{\omega}$ ist ein Vektor, welcher die Werte der Neigungen aller betrachteten Sektoren zur Iteration ω enthält. T_{ini} bezeichnet die initiale Temperatur. Die Funktion $\mathcal{N}(\mathbf{P}^{\omega}, T)$ generiert einen zufälligen Neigungs-Vektor, welcher einen Abstand[6] T zum Neigung-Vektor $\mathbf{P}^{\omega}$ hat. Man sagt, dass mit $\mathcal{N}$ eine Nachbarkonfiguration gefunden wird. In der SA Methode generiert der Algorithmus zunächst eine zufällig Nachbarkonfiguration und berechnet daraufhin die neuen Clusterkosten $\Phi_{\tilde{C}}^{\omega}$. Sind die neuen Clusterkosten geringer als die bisherigen Clusterkosten, so wird die neue Einstellung der Neigungen akzeptiert. Ist dies nicht der Fall, so akzeptiert der Algorithmus die Konfiguration dennoch mit einer gewissen Wahrscheinlichkeit, die mit steigendem Unterschied Δ der Clusterkosten und mit sinkender Temperatur geringer wird. Danach wird die Temperatur verringert und der Algorithmus startet die nächste Iteration. Um die Wahrscheinlichkeit, dass das SON aus einem lokalen Optima entfliehen kann, zu steigern, wird die Temperatur aller ω_{rean} Iterationen wieder auf T_{ini} gesetzt. Der Algorithmus endet nach ω_{max} Iterationen.

Im folgenden werden wir dieses SON, d.h. die oben Beschriebene Kombination aus Pseudocode 1 und 3, als **DLUL-SA** bezeichnet. Um die Leistungsfähigkeit der simultanen DL und UL SND nach den Algorithmen DLUL-CD und DLUL-SA besser einschätzen zu können, führen wir im folgenden eine reine DL und eine reine UL SND ein.

4.3.2 Downlink

Wir bezeichnen den Algorithmus, welcher nur den DL betrachtet als **DL-CD**. Der DL-CD Algorithmus arbeitet exakt wie der DLUL-CD Algorithmus, abgesehen davon, dass er ausschließlich die DL Kostenfunktionen $\tilde{\varphi}_C$ und $\tilde{\varphi}_Q$ verwendet. Das heißt in Pseudocode 1 werden nur die DL Netzabdeckung und das DL Perzentil berechnet. Bei der Berechnung der Sektor- und Clus-

---

[6]Es wird der euklidische Abstand verwendet.

Pseudocode 3 SA Methode

Eingabe: $\omega = k = 0$, $\omega_{\max} = 1000$, $\omega_{\text{rean}} = 100$, $T_{\text{ini}} = 80$, $\mathbf{P}^\omega$, $\hat{C}$, $\Phi_{\hat{C}}^\omega$

1:   $T \leftarrow T_{\text{ini}}$
2: **solange** $\omega \leq \omega_{\max}$ **ausführen**
3:     $\omega \leftarrow \omega + 1$, $k \leftarrow k + 1$
4:     Stelle zufällige Nachbarlösung ein: $\mathbf{P}^\omega \leftarrow \mathcal{N}(\mathbf{P}^\omega, T)$
5:     Berechne $\Phi_{\hat{C}}^\omega$ und $\Delta = \Phi_{\hat{C}}^\omega - \Phi_{\hat{C}}^{\omega-1}$
6:     **falls** $\Delta < 0$ **dann**
7:       Akzeptiere neue Neigungseinstellung, d.h. es bleibt $\mathbf{P}^\omega$
8:     **oder falls** $\Delta\Phi \geq 0$ **dann**
9:       Akzeptiere neue Neigungseinstellung mit Wahrscheinlichkeit $\frac{1}{1+\exp(\frac{\Delta}{T})}$; bei Akzeptanz bleibt $\mathbf{P}^\omega$, anderenfalls $\mathbf{P}^\omega \leftarrow \mathbf{P}^{\omega-1}$ und $\Phi_{\hat{C}}^\omega \leftarrow \Phi_{\hat{C}}^{\omega-1}$
10:    **ende falls**
11:    **falls** $\omega/\omega_{\text{rean}} \in \mathbb{N}$ **dann**
12:      $T \leftarrow T_{\text{ini}}$, $k \leftarrow 0$
13:    **oder falls** $\omega/\omega_{\text{rean}} \notin \mathbb{N}$ **dann**
14:      $T \leftarrow T_{\text{ini}} \cdot 0.95^k$
15:    **ende falls**
16: **ende solange**

---

terkosten werden ebenfalls nur die DL Beiträge bedacht; so werden die Clusterkosten beispielsweise wie folgt berechnet: $\Phi_C = \breve{\varphi}_Q(\breve{Q}_{\mathcal{R}_C}^5) + \breve{\varphi}_C(\breve{C}_{\mathcal{R}_C})$. Der Pseudocode 2 wird wie präsentiert verwendet. Da der DL-CD Algorithmus keine UL Kostenfunktionen verwendet wird der UL während der Selbstorganisation ignoriert und es zählt einzig die DL Leistung des Netzes.

4.3.3 Uplink

Wir nennen den Algorithmus, welcher nur den UL bedenkt **UL-CD**. Der UL-CD Algorithmus arbeitet exakt wie der DL-CD Algorithmus, mit den einzigem Unterschied, dass er Anstelle des DL nur den UL betrachtet, d.h. er verwendet ausschließlich die UL Kostenfunktionen $\hat{\varphi}_C$ und $\hat{\varphi}_Q$ und verwendet dementsprechend nur die UL LKZs. Da der UL-CD Algorithmus keine DL Kostenfunktionen verwendet wird der DL während der Selbstorganisation ignoriert und es zählt einzig die UL Leistung des Netzes.

Die Algorithmen DL-CD und UL-CD sind besonders gut als Referenz für den Algorithmus DLUL-CD geeignet, da sie abgesehen von der Berechnung der Sektor- und Clusterkosten identisch sind.

4.3.4 Referenzalgorithmen

Tab. 4.1. Parameterkonfigurationen der Referenzalgorithmen

	DLUL-Ref1	DLUL-Ref2	DLUL-Ref3	DLUL-Ref4
Initiale Temp. T_{ini}	240	240	360	420
Temperaturverlauf	$T_{ini} \cdot 0.95^k$	$T_{ini}/\ln k$	$T_{ini} \cdot 0.95^k$	$T_{ini} \cdot 0.95^k$
Reannealing Int. ω_{rean}	80	80	80	80

Um die Leistungsfähigkeit der vorgeschlagenen online Algorithmen besser einstufen zu können und um bewerten zu können, ob die online Algorithmen eine adäquate Alternative zu offline Lösungen nach dem Stand der Technik sind, führen wir in diesem Abschnitt entsprechende offline Algorithmen für die neigungsbasierte SND ein.

Wie in den Kapiteln 1 und 2 erörtert, wird die Methode SA häufig im Feld der Selbstorganisation im generellen sowie im Feld der neigungsbasierten SND angewandt. Daher verwenden wir als Referenz zu den oben eingeführten online Algorithmen, offline Algorithmen, welche auf Grundlage der SA Methode arbeiten. Wir definieren vier offline Algorithmen, welche alle dem Algorithmus DLUL-SA (siehe oben) entsprechen, jedoch die folgenden Unterschiede aufweisen:

- Bei der Anwendung der SA Methode (siehe Pseudocode 3) wird nicht, wie in Pseudocode 1 dargestellt, der Cluster $\tilde{C}$ verwendet sondern es werden alle zur Selbstorganisation betrachteten Sektoren verwendet.

- Die Parameter der SA Methode werden verändert: Wir erhöhen die initiale Temperatur T_{ini}, verringern die Anzahl der Iterationen bis zum zurücksetzen der Temperatur ω_{rean} und verändern den Temperaturverlauf.

Durch die erste Änderung erhöhen wir die Dimension der Suche nach neuen Einstellungen der Neigungen, was dazu führt, dass sich die Möglichkeit aus lokalen Optima zu entfliehen, erhöht. Die zweite Änderung erhöht ebenfalls die Möglichkeit aus lokalen Optima zu entfliehen, da durch die adaptierten Parametereinstellungen die Sprünge, d.h. die absoluten Änderungen in der Einstellung der Neigungen, des Algorithmus größer werden. Beide Veränderungen erhöhen jedoch gleichzeitig die Wahrscheinlichkeit, dass der Algorithmus Einstellungen der Neigungen vorschlägt, welche die Werte der LKZs signifikant verschlechtern. Grund ist, dass die zufällig vorgenommenen Änderungen in der Einstellung der Neigungen größer sind als in den bisher eingeführten Algorithmen[7]. Aufgrund dieser Änderungen eignen sich die Referenzalgorithmen jedoch nicht mehr für eine online Selbstorganisation und müssen offline operieren. Diesen Sachverhalt werden wir im Abschnitt 4.4.6 auf Grundlage von Simulationsergebnissen genauer darlegen. Wir bezeichnen diese vier Algorithmen als **DLUL-Ref1**, **DLUL-Ref2**, **DLUL-Ref3** und **DLUL-Ref4** und präsentieren deren Parameterkonfigurationen in Tabelle 4.1. Um die Auswertung der folgenden Simulationen übersichtlicher zu gestalten, fassen wir die vier Referenzalgorithmen zu einem Algorithmus zusammen, welchen wir **DLUL-Ref** benennen. Der Algorithmus DLUL-Ref wählt jeweils das beste Ergebnis im Sinne der Werte der LKZs aus den vier Referenzalgorithmen aus.

Wir möchten darauf hinweisen, dass es außerdem von Vorteil wäre die online Algorithmen mit dem bestmöglichen Ergebnis (globales Optimum) vergleichen zu können. Wie bereits in Abschnitt 1 erläutert, ist die Komplexität typischer Probleme jedoch zu groß, um die bestmögliche Einstellung mittels der Exhaustionsmethode (engl. brute force) zu finden.

4.3.5 Überblick

In Tabelle 4.2 geben wir einen Überblick über alle vorgeschlagenen Algorithmen. Die Algorithmen DLUL-CD und DLUL-SA sollen den Anwendungsfall der online neigungsbasierten simultanen DL und UL SND lösen. Als Referenz untersuchen wir einerseits die Leistung der identisch arbeitenden Algorithmen DL-CD und UL-CD, welche jedoch nur den DL bzw. UL betrachten. Andererseits untersuchen wir die Leistung des offline Algorithmus DLUL-Ref, um die Leistung der Algorithmen DLUL-CD und DLUL-SA besser bewerten zu können.

4.4 Simulation und Ergebnisse

In diesem Abschnitt führen wir das betrachtete Simulationsszenario (4.4.1) ein, stellen die verwendeten Kostenfunktionen dar(4.4.2), und präsentieren und diskutieren die dazugehörigen Simulationsergebnisse (4.4.3 bis 4.4.5). Weiterhin untersuchen wir die Anwendbarkeit der Algorithmen DLUL-CD

---

[7]Es werden mehr Sektoren zugleich verändert, es werden im gesamten Netz die Neigungen verändert und nicht nur im Cluster, und die absoluten Änderungen der Neigungen sind größer.

Tab. 4.2. Überblick über die vorgeschlagenen Algorithmen

Algorithmus	Methode	Kommentar
DLUL-CD	Coordinate Descent	Simultane DL und UL SND
DLUL-SA	Simulated Annealing	Alternative zu DLUL-CD
DL-CD	Coordinate Descent	SND nur im DL, Ref. für DLUL-CD
UL-CD	Coordinate Descent	SND nur im UL, Ref. für DLUL-CD
DLUL-Ref	Simulated Annealing	Offline Ref. für DLUL-CD und DLUL-SA Bestes Ergebnis von: DLUL-Ref1, DLUL-Ref2, DLUL-Ref3 und DLUL-Ref4

und DLUL-SA als online SON (4.4.6), untersuchen den Einfluss der Kostenfunktionen auf die Leistung der Algorithmen (4.4.7) und geben eine Zusammenfassung (4.4.8).

4.4.1 Szenario

Simulationsparameter	
Trägerfrequenz	$2.6\,\mathrm{GHz}$
Bandbreite	$10\,\mathrm{MHz}$
BS Antennengewinn	$14\,\mathrm{dBi}$
Pfadverlust	Ray Tracing
Durchdringungsverlust	$10\,\mathrm{dB} + 0.6\,\frac{\mathrm{dB}}{\mathrm{m}}$
Höhe Nutzer	$1.5\,\mathrm{m}$
Thermisches Rauschen	$-121\,\frac{\mathrm{dBm}}{\mathrm{PRB}}$
Räumliche Auflösung	$5 \times 5\,\mathrm{m}$
Mögliche Neigungen	$4\,^{\circ} - 14\,^{\circ}$
UL Min. Empfangsleistung $\check{P}_{\mathrm{rx,min}}$	$-124\,\frac{\mathrm{dBm}}{\mathrm{PRB}}$
UL Parameter α	0.8
UL Parameter P_0	$-91\,\mathrm{dBm}$
UL Max. Sendeleistung P_{max}	$23\,\mathrm{dBm}$
DL Min. Empfangsleistung $\check{P}_{\mathrm{rx,min}}$	$-120\,\frac{\mathrm{dBm}}{\mathrm{PRB}}$
DL BS Sendeleistung	$29\,\frac{\mathrm{dBm}}{\mathrm{PRB}}$

Tab. 4.3. Simulationsparameter

Wir untersuchen ein $2.6\,\mathrm{GHz}$ LTE Netz in der Innenstadt einer Europäischen Metropole. Die Standorte als auch Abstrahlrichtungen der BSs entsprechen der Realität. Uns liegen die Empfangsleistungen für sämtliche Lokalitäten, welche nicht in einem Gebäude sind, für ganzzahlige Neigungen von $4\,^{\circ}$ bis $14\,^{\circ}$ für alle BSs des Szenarios vor. Die Empfangsleistungen wurden Mittels der Ray-Tracing Methode von unserem Industriepartner Nokia Networks berechnet. An Orten innerhalb von Gebäuden modellieren wir die Emp-

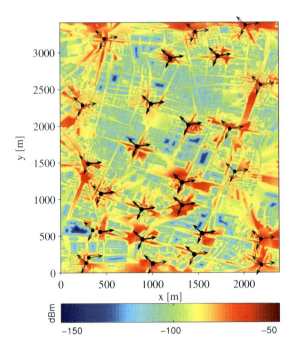

Abb. 4.1. Karte der besten Empfangsleistung für das untersuchte Simulationsszenario. Die Punkte stellen die Lokalitäten der BSs dar und die Pfeile zeigen die Senderichtung eines jeden Sektors an. Sektoren welche mit einem dicken Pfeil dargestellt sind werden für die Selbstorganisation bedacht und formen die Menge $\hat{\mathcal{C}}$. Sektoren mit dünnen Pfeilen haben eine fixe Neigung von $6°$ und dienen als Störer. Der dargestellte Bereich ist unser Zielgebiet, welches wir mit $\mathcal{R}_{TA}$ bezeichnen (für engl. target area).

fangsleistung, indem wir zur Empfangsleistung an der Gebäudeaußenwand einen Durchdringungsverlust von $10\,$dB und einen wegabhängigen Anteil von $0.6\,$dB pro Meter im inneren eines Gebäudes addieren. Alle weiteren Parameter präsentieren wir in Tabelle 4.3; das betrachtete Szenario stellen wir in Abbildung 4.1 dar. Um zu vermeiden, dass wir die Algorithmen in nur einem einzigen Szenario untersuchen, betrachten wir 64 verschiedene Verteilungen der Nutzer. Jedes dieser Szenarien ist dadurch gekennzeichnet, dass (i) die Nutzer mit einer Dichte von $60\,$Nutzer/km² gleichmäßig verteilt sind und dass (ii) ein oder zwei HSs mit einer Dichte von $7800\,$Nutzer/km² vorhanden sind. Die HSs, welche nicht größer als $0.0165\,$km² sind, sind an angemessenen Orten, wie zentralen Plätzen oder der Universität, platziert. Wir nehmen an, dass jedes Szenario der Nutzerverteilung gleichwahrscheinlich ist.

Da sich die von den Algorithmen gesteuerten Modifikationen der Neigungen auf die BSs, welche um die HSs lokalisiert sind, konzentrieren und da die HSs in den 64 verschiedenen Szenarien an unterschiedlichen Orten positioniert sind, können wir annehmen, dass sich alle 64 Szenarien wesentlich voneinander unterscheiden. Eigenschaften des Netzes, wie die Entfernung, der Winkel und die Anzahl der BSs, sind für jeden HSs wesentlich unterschiedlich. Somit können wir argumentieren, dass die im Folgenden präsentieren Simulationsergebnisse für 64 verschiedene Szenarien einen guten Einblick über die Leistung der Algorithmen unabhängig vom spezifischen Szenario erlauben.

Die Neigungen der Sektoren, welche wir nicht für die Selbstorganisation betrachten (dünn gedruckte Pfeile in Abbildung 4.1), setzen wir zu $6°$ fest. Die initialen Neigungen für die anderen Sektoren erhalten wir mittels einfacher Initialisierungsverfahren, welche nur die DL Netzabdeckung bedenken. Wir starten mit allen Neigungen beim maximal (minimal) möglichen Winkel und verringern (erhöhen) die Neigung der Sektoren in $1°$ Schritten bis die DL Netzabdeckung pro Schritt um weniger (mehr) als $75\,\text{m}^2$ ansteigt (abfällt)[8]. Dabei wählen wir die Reihenfolge der Sektoren zufällig und nehmen eine gleichmäßige Nutzerverteilung an. Als initiale Einstellung der Neigungen verwenden wir die Einstellung der beiden Verfahren, welche eine bessere Leistung im Sinne der DLs Netzabdeckung und des DL Perzentils im Zielgebiet $\mathcal{R}_{TA}$ (siehe Abbildung 4.1) erzeugt.

Bei der initialen Einstellung der Neigungen beträgt die Netzabdeckung im Median über alle 64 Szenarien im Zielgebiet $97.7\,\%$ im DL und $96.4\,\%$ im UL. Die entsprechenden Werte für das DL und UL Perzentil liegen bei $47\,\text{kbps}$ und $26\,\text{kbps}$.

4.4.2 Kostenfunktionen der Algorithmen

Wie in Abschnitt 3.3 erläutert verwenden die SON Algorithmen, welche wir in dieser Arbeit vorschlagen, LKZ-spezifische Kostenfunktionen dessen Werte einheitenlose Kosten sind. Die Kosten sind ein Maß dafür, wir stark der Bedarf zur Verbesserung bzw. zur Selbstorganisation in einer bestimmten LKZ ist. Die Kostenfunktionen sind so definiert, dass ihre Kosten null sind, wenn der Wert der LKZ, für welche sie spezifisch sind, in einem für den Netzbetreiber

---

[8]Wir können hier eine Netzabdeckung verwenden, welche sich auf eine Fläche bezieht, da wir für diese Initialisierung davon ausgehen, dass wir volles Wissen über das Netz haben.

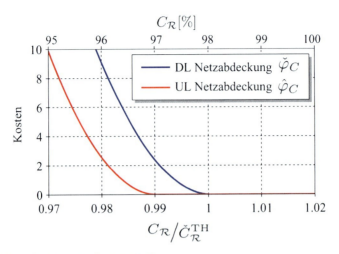

(a)Kostenfunktionen für die Netzabdeckung.

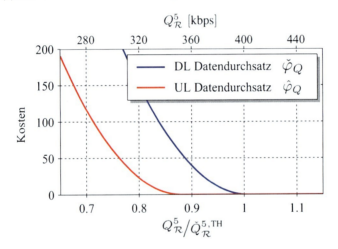

(b)Kostenfunktionen für das Perzentil des Datendurchsatzes.

Abb. 4.2. Verwendete Kostenfunktionen für die Algorithmen. Wir lassen bei den Symbolen der LKZs die Markierung für den DL oder UL weg, da die Achsen für den DL als auch UL verwendet werden. Wir adressieren den Schwellwert einer LKZ durch ein hochgestelltes TH. Als Bezugsfläche für die LKZs geben wir nur $\mathcal{R}$ an, um zu symbolisieren, dass diese Kostenfunktionen auf Sektorebene $\mathcal{R}_s$ als auch auf Clusterebene $\mathcal{R}_C$ verwendet werden.

adäquaten Bereich ist. Je weiter der Wert der LKZ vom adäquaten Bereich entfernt ist, desto stärker steigen die Kosten. Die Gesamtkosten des Netzes ergeben sich durch das Summieren der Kosten aller LKZs.

Die verwendeten Kostenfunktionen für die Algorithmen sind in Abbildung 4.2 präsentiert. Im Folgenden erläutern wir die Wahl dieser Kostenfunktionen und in Abschnitt 4.4.7 werden wir den Einfluss der Kostenfunktionen auf die Leistung der Algorithmen untersuchen.

Schwellwert der Kostenfunktionen

Wir verwenden die folgenden Schwellwerte:

- $\check{C}_{\mathcal{R}}^{\mathrm{TH}} = 98\,\%$ für die DL Netzabdeckung
- $\hat{C}_{\mathcal{R}}^{\mathrm{TH}} = 97\,\%$ für die UL Netzabdeckung
- $\check{Q}_{\mathcal{R}}^{\mathrm{TH}} = 400\,\mathrm{kbps}$ für das DL Perzentil
- $\hat{Q}_{\mathcal{R}}^{\mathrm{TH}} = 350\,\mathrm{kbps}$ für das UL Perzentil.

Wie in Kapitel 3 vorgeschlagen haben wir diese Schwellwerte unter Berücksichtigung unserer Ziele für die Selbstorganisation und der Leistung des betrachteten Netzes bestimmt. Weiterhin möchten wir darauf hinweisen, dass nach den Gleichungen (4.5) und (4.9) auch die Nutzer zur Bestimmung des Perzentils betrachtet werden, welche sich aufgrund einer zu geringen Empfangsleistung (im DL und/oder UL) nicht zum Netz verbinden können (diese Nutzer haben einen Datendurchsatz von $0\,\mathrm{kbps}$). Indem wir die Schwellwerte für die Perzentile relativ hoch im Vergleich zu den initialen Perzentilen setzen erreichen wir zwei Effekte. Einerseits erzeugen wir sehr hohe Kosten, sobald die Netzabdeckung unter $95\,\%$ fällt, da das Perzentil dann $0\,\mathrm{kbps}$ sein muss. Diese hohen Kosten werden dazu führen, dass Einstellungen der Neigungen vermieden werden, welche eine Netzabdeckung unter $95\,\%$ zur Folge haben. Andererseits erreichen wir, dass sich die Selbstorganisation auf die Verbesserung der Perzentile konzentriert sobald die minimale Netzabdeckung von $95\,\%$ erreicht ist, da die zusätzlichen Kosten durch die DL und UL Netzabdeckung vergleichbar klein zu den Kosten der Perzentile sind. Falls wir hohe Perzentile erreichen, so schickt sich das SON weiterhin an die Netzabdeckung zu verbessern, um die entsprechenden Kosten ebenfalls zu verringern. Wir setzen die Schwellwerte für die DL und UL Netzabdeckung nur kurz über den initialen Werten, da wir (i) uns auf die Perzentile konzentrieren möchten und da (ii) die initialen Neigungen auf Grundlage der DL Netzabdeckung erstellt wurden.

Exponent der Kostenfunktionen

Der Anstieg aller Kostenfunktionen ist quadratisch mit steigenden Abstand zwischen dem Schwellwert einer LKZ und dem tatsächlichen Wert einer LKZ[9], d.h. $n = 2$. Wie im Abschnitt 3.3 bereits erwähnt sollten die Kostenfunktionen (i) monoton, (ii) konvex, und (iii) mit begrenzter Steigung ansteigen (siehe Kapitel 3.3) für eine Erörterung dieser Anforderungen). Kostenfunktionen mit sehr hohen Exponenten verletzen die Bedingung (iii), wobei mit Exponenten $n < 1$ die Bedingung (ii) verletzt wird. Aus der verbleibenden Freiheit in der Wahl des Exponenten wählen wir $n = 2$, da so alle Bedingungen leicht erfüllt sind. Wir möchten darauf hinweisen, dass wir ebenfalls $n = 3$ hätten wählen können ohne die Ergebnisse wesentlich zu verändern. Jedoch wird der Exponent $n = 2$ häufig für die Charakterisierung von Abweichungen von einem gewissen Bezugswert angewandt. So zum Beispiel bei der Berechnung der Varianz.

Wichtung der Kostenfunktionen

Wir skalieren die Kostenfunktionen mittels eines Gewichtsfaktors so, dass das Verhältnis zwischen DL und UL Kosten im Mittel über alle Szenarien bei der initialen Einstellung der Neigungen $1.2 : 1$ ist, d.h. der DL ist gegenüber dem UL leicht priorisiert. Wir wählen dieses Verhältnis, da trotz der steigenden Bedeutung der UL Übertragung, der DL im Sinne des Umfangs des Datenverkehrs bisher noch von größerer Wichtigkeit ist.

Im Folgenden präsentieren wir die Ergebnisse der Selbstorganisation. Für jeden Algorithmus simulieren wir 100 Iterationen. Wir gehen davon aus, dass das SON nach diesen Iterationen die Einstellung der Neigungen einstellt, welche die niedrigsten Kosten zur Folge hat. Die LKZs bei dieser Einstellung heben wir durch ein hochgestelltes „opt" hervor.

---

[9]Von Abschnitt 3.3 ist bekannt: Die Kostenfunktionen haben die Gestalt aK^n, wobei a der Gewichtsfaktor und n der Exponent ist.

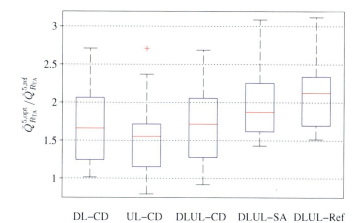

(a) Relative Veränderung des DL Perzentils. Im Median lag das DL Perzentil vor der Selbstorganisation bei 47 kbps.

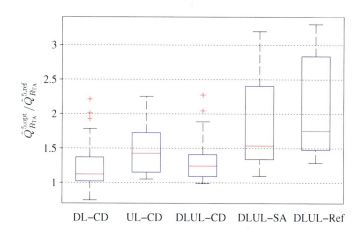

(b) Relative Veränderung des UL Perzentils. Im Median lag das UL Perzentil vor der Selbstorganisation bei 26 kbps.

Abb. 4.3. Box-Plot-Diagramme der relativen Veränderung des DL und UL Perzentils im Zielgebiet für alle Algorithmen. Die rote Linie entspricht dem Median über alle 64 Szenarien und die blaue Box zeigt den Bereich an, in welchen sich 50 % aller Ergebnisse befinden. Die Antennen erstrecken sich bis zu den minimalen und maximal Werten, welche nicht aus Ausreißer deklariert sind. Ausreißer sind mit einem roten Kreuz dargestellt. Ein Ergebnis wird als Ausreißer deklariert, wenn es vom 25. bzw. 75. Perzentil (Ränder der blauen Box) weiter als die 1.5-fache Länge der blauen Box entfernt ist.

4.4.3 Ergebnisse für den Datendurchsatz

Die relative Änderung des DL und UL Perzentils im Zielgebiet $\mathcal{R}_{TA}$ ist in Abbildung 4.3 dargestellt. $\breve{Q}_{\mathcal{R}_{TA}}^{5,\text{opt}}$ und $\hat{Q}_{\mathcal{R}_{TA}}^{5,\text{opt}}$ bezeichnen die Werte der DL und UL Perzentile im Zielgebiet *nach* der Selbstorganisation. $\breve{Q}_{\mathcal{R}_{TA}}^{5,\text{ref}}$ und $\hat{Q}_{\mathcal{R}_{TA}}^{5,\text{ref}}$ bezeichnen die Werte der DL und UL Perzentile im Zielgebiet *vor* der Selbstorganisation, d.h. bei der initialen Einstellung der Neigungen. Es ist in Abbildung 4.3a ersichtlich, dass der DL-CD Algorithmus den UL-CD Algorithmus im DL überlegen ist. Genau die entgegengesetzte Feststellung können wir für den UL in Abbildung 4.3b machen, d.h. der DL-CD Algorithmus ist dem UL-CD Algorithmus im UL unterlegen. Dieses Ergebnis entspricht unserer Erwartung, da der DL-CD Algorithmus ausschließlich den DL bedenkt, nicht jedoch den UL (und umgedreht). Der Fakt, dass der DL-CD Algorithmus auch im UL eine merkliche Verbesserung erzielen kann liegt daran, dass der DL und UL Datendurchsatz miteinander gekoppelt sind. Beide hängen wesentlich vom Pfandverlust zwischen BS und Nutzer ab. Da wir den DL und UL Pfandverlust als identisch annehmen, ist es wahrscheinlich, jedoch nicht zwingend, dass eine Verbesserung des DL Datendurchsatzes auch den UL Datendurchsatz verbessert.

Es ist bemerkenswert, dass der DLUL-CD Algorithmus im DL im Median über alle Szenarien leicht besser ist als der DL-CD Algorithmus. Dies kann wie folgt erklärt werden. Im Prinzip beobachten wir zwei verschiedene Effekte, wenn wir den DLUL-CD Algorithmus mit dem DL-CD bzw. UL-CD Algorithmus vergleichen. Als erstes verringern wir die möglichen Freiheiten in der Selbstorganisation, wenn wir zu den bereits existierenden Kosten für den DL (UL) Durchsatz noch UL (DL) Durchsatzkosten hinzufügen, da eine Einstellung der Neigungen, welche für den DL günstig ist, nicht zwangsläufig eine gute Wahl für den UL ist. Auf Grundlage dieser Überlegung würden wir erwarten, dass die Leistung des DLUL-CD im DL als auch UL in der Mitte zwischen den Leistungen des DL-CD und des UL-CD Algorithmus liegt.

Allerdings haben wir einen zweiten Effekt zu bedenken. Die UL Durchsatzkosten haben auf die Gesamtkosten einen *glättenden* Effekt. Die Verbesserungen im DL und UL Perzentil basieren im Grunde auf Verbesserungen in der SINR und in der Bandweite (wieder UL und DL) der entsprechenden Nutzer. Verbesserungen in der SINR der Nutzer am Zellrand können im UL sowie DL gleichermaßen erreicht werden. Selbiges gilt jedoch nicht für die Bandweite. Wechselt ein Nutzer am Zellrad aufgrund einer Neigungsänderung die Zelle, so kann dieser im DL starke Gewinne in der Bandweite erfahren, wenn die neue Zelle mehr freie Ressourcen als die alte Zell bieten kann. Im UL ist es jedoch sehr unwahrscheinlich, dass ein solcher Nutzer große Gewinne in der Bandweite erfährt. Der Grund ist, dass der im UL verwendete modifizierte ressourcenfaire Scheduler aus [VLS10] (siehe Abschnitt 4.1.2) einem Nutzer nie mehr als $M_{\mathrm{max}}(u) = \max\{1, \mathsf{floor}(\hat{P}_{\mathrm{max}}/\hat{P}_{\mathrm{tx}}^{\mathrm{PRB}}(u))\}$ PRBs zuordnet, um zu vermeiden, dass dieser Nutzer an die Leistungsbegrenzung (d.h. $\hat{P}_{\mathrm{tx}} = \hat{P}_{\mathrm{max}}$) aufgrund einer zu großen Bandbreite stößt. Das heißt, dass die Bandweite von Nutzern, welche sich am Zellrand aufhalten (und somit für das Perzentil ausschlaggebend sind) durch dessen großen Pfadverlust zur BS vom Scheduler auf nur wenige PRBs begrenzt wird. Wechselt ein solcher Nutzer nun aufgrund einer Neigungsänderung in eine andere Zelle, so erfährt er mit hoher Wahrscheinlichkeit in der neuen Zelle wieder einen hohen Pfadverlust, was es ihm unmöglich macht Gewinne in der Bandweite zu erzielen. Dadurch ist der Einfluss einer Veränderung in der Neigung eines Sektors auf den DL Datendurchsatz größer als auf den UL Datendurchsatz. Dies hat wiederum zur Folge, dass die UL Kosten wesentlichen *glatter* sind als die DL Kosten. Fügt man nun also die UL Kosten zu den existierenden DL Kosten hinzu, so erzielt man in dem Gesamtkosten einen glättenden Effekt und Berge in der DL Kostenfunktionen können abgeschwächt werden oder gar ganz verschwinden, wenn sie mit Tälern in den UL Kosten zusammenfallen. Dadurch ist es der CD Methode tendenziell eher möglich aus lokalen Optima zu entfliehen und so bessere Einstellungen der Neigungen zu finden.

Dieser Effekt ist beispielhaft in Abbildung 4.4 dargestellt. So ist es möglich, dass der DLUL-CD Algorithmus im DL eine bessere Leistung erzielt als der DL-CD Algorithmus (siehe Abbildung 4.3a), im UL jedoch nicht so gut ist wie der UL-CD Algorithmus (siehe Abbildung 4.3b), da das hinzufügen von DL Kosten zu existierenden UL Kosten die Gesamtkosten *unebener* macht. Dieser im oberen Teil theoretisch begründeter Effekt, wird in den Simulationen dadurch bestätigt, dass (i) das Hinzufügen von UL Kosten zu existierenden DL Kosten die DL Leistung verbessert, jedoch das Hinzufügen von DL Kosten zu existierenden UL Kosten die UL Leistung verschlechtert und dass (ii) die UL Gewinne im Perzentil im generellen geringer sind als die DL Gewinne. Weiterhin können wir aus Abbildung 4.3 entnehmen, dass der DLUL-SA Algorithmus bzgl. des Datendurchsatzes eine bessere Leistung als der DLUL-CD Algorithmus erzielt. Der DLUL-CD Algorithmus erreicht relative Verbesserungen von 71 % und 24 % im DL und UL Perzentil während der DLUL-SA Algorithmus die gleichen LKZs um 87 % und 54 % verbessert.

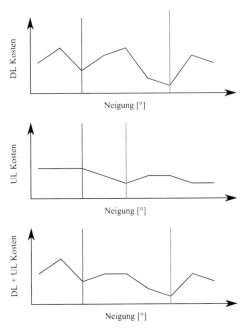

Abb. 4.4. Beispielhafte Darstellung des glättenden Effektes der UL Kosten. Die rote Linie markiert einen hypothetischen Anfangspunkt für die Selbstorganisation. Sind nur DL Kosten vorhanden, so befindet sich das Netz in einem relativ starken lokalem Optimum, aus welchem die Suchmethode nicht entfliehen kann. Werden DL und UL betrachtet, so ist das lokale Optimum schwächer und die Wahrscheinlichkeit, dass sich die Suchmethode von diesem lokalem Optimum entfernt, steigt.

Der DLUL-CD Algorithmus erreicht 64 % und 32 % des vom Referenzalgorithmus erreichten Gewinnes im DL und UL; der DLUL-SA Algorithmus erzielt 78 % und 71 %. Somit können wir schlussfolgern, dass beide Algorithmen, besonders jedoch der DLUL-SA Algorithmus, einen signifikanten Gewinn erzielen. Die bessere Leistung des DLUL-SA Algorithmus gegenüber dem DLUL-CD Algorithmus ist darauf zurückzuführen, dass die SA Methode bei den wie im DLUL-SA Algorithmus gewählten Parametereinstellungen eine größere Wahrscheinlichkeit hat lokalen Optima zu entfliehen als die Coordinate Descent Methode, wie sie im DLUL-CD Algorithmus verwendet wird. Allerdings möchten wir bereits hier darauf hinweisen, dass wir die Verwendung des DLUL-CD Algorithmus im gleichen Maße wie die Verwendung des DLUL-SA Algorithmus empfehlen werden, da es SA Methode sehr schwierig ist die richtigen Parametereinstellungen zu finden. Wie wir in Abschnitt 4.4.6 sehen werden, können Änderungen in den Parametern der SA Methode die

Eigenschaften des Algorithmus sehr einfach so verändern, dass eine online Operation nicht mehr angemessen ist.

In Abbildung 4.5 präsentieren wir die relative Änderung des 50. Perzentils im Zielgebiet. Das 50. Perzentil berechnen wir, indem wir in Gleichung (4.5) und (4.9) einen Schwellwert von 0.5 anstatt von 0.05 verwenden. Wir möchten darauf hinweisen, dass das 50. Perzentil keine LKZ ist, welche das SON aktiv verbessert. Wir präsentieren die Änderungen im 50. Perzentil, um auch die Auswirkung der Selbstorganisation auf die durchschnittlichen Nutzer zu untersuchen. Wir können beobachten, dass die Änderungen im 50. Perzentil im allgemeinen wesentlich kleiner sind als die im 5. Perzentil. Die Algorithmen, welche auf der CD Methode basieren verändern das 50. Perzentil nur minimal zu etwas schlechteren Werten, während mithilfe der SA Methode sogar leichte Gewinne erzielt werden können. Wesentliche Schlussfolgerung ist jedoch, dass beide Algorithmen, der DLUL-CD als auch DLUL-SA, den Datendurchsatz der durchschnittlichen Nutzer nicht wesentlich negativ beeinflussen, während sie selbiges für die Nutzer am Zellrand wesentlich verbessern.

4.4.4 Ergebnisse für die Netzabdeckung

Die absolute Änderung der DL und UL Netzabdeckung im Zielgebiet $\mathcal{R}_{TA}$ ist in Abbildung 4.6 dargestellt. $\check{C}^{opt}_{\mathcal{R}_{TA}}$ und $\hat{C}^{opt}_{\mathcal{R}_{TA}}$ bezeichnen die Werte der DL und UL Netzabdeckung im Zielgebiet nach der Selbstorganisation. $\check{C}^{ref}_{\mathcal{R}_{TA}}$ und $\hat{C}^{ref}_{\mathcal{R}_{TA}}$ bezeichnen die Werte der DL und UL Netzabdeckung im Zielgebiet vor der Selbstorganisation, d.h. bei der initialen Einstellung der Neigungen. Wir bemerken, dass der UL-CD Algorithmus in der UL als auch der DL Netzabdeckung besser ist als der DL-CD Algorithmus. Grund ist, dass eine Mindestanforderung an die UL Netzabdeckung eine stärkere Bedingung ist als eine Mindestanforderung an die DL Netzabdeckung. Die Bedingung, dass ein Nutzer im UL verbunden sein soll führt zwangsweise mit sich, dass der Nutzer im DL verbunden ist, da die DL Sendeleistung pro PRB stets größer ist als die im UL und da wir das sonstige Link-Budget für den DL und UL als identisch annehmen[10]. Umgedreht gilt dies nicht, d.h. ein Nutzer der im DL verbunden ist muss nicht zwangsweise im UL verbunden sein, weil die maximal möglichen Sendeleistungen der Nutzer wesentlich geringer als die der BSs sind.

---

[10]Die typische LTE Sendeleistungsdichte im DL beträgt 29 dBm/PRB, während die maximale Sendeleistung eines Nutzers typischerweise bei nur 23 dBm liegt.

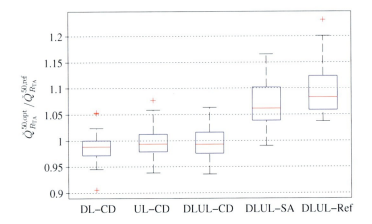

(a) Relative Veränderung des 50. Perzentil des Datendurchsatzes im DL. Im Median lag das 50. Perzentil vor der Selbstorganisation bei 749 kbps.

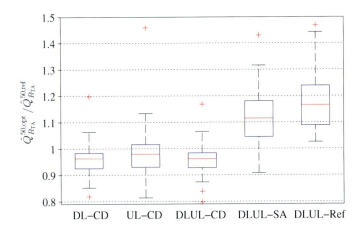

(b) Relative Veränderung des 50. Perzentil des Datendurchsatzes im UL. Im Median lag das 50. Perzentil vor der Selbstorganisation bei 486 kbps.

Abb. 4.5. Box-Plot-Diagramme der relativen Veränderung des 50. Perzentils im DL und UL im Zielgebiet für alle Algorithmen.

Weiterhin können wir beobachten, dass der DLUL-CD Algorithmus eine schlechtere Leistung in der Netzabdeckung erzeugt als der UL-CD Algorithmus. Dieses Ergebnis begründen wir wie folgt. Im Allgemeinen ist die Selbstorganisation mehr durch die Kosten des Datendurchsatzes als durch die Netzabdeckung beeinflusst, da Ersteres mehr Kosten erzeugt. Weiterhin wissen wir, dass das SON im DL leichter Kosten verringern kann als im UL und dass der DL im generellen gegenüber dem UL mit einer Wichtung von $1.2 : 1$ leicht priorisiert ist. Daher ist die gemeinsame DL und UL Selbstorganisation in den hier betrachteten Simulationen eher vom DL dominiert als vom UL. Dies führt dazu, dass die Leistung des DLUL-CD Algorithmus' in der Netzabdeckung ähnlich der Leistung des DL-CD Algorithmus' ist. In Abschnitt 4.4.7 werden wir sehen, dass eine Veränderung des Kostenverhältnisses zugunsten der UL Kosten die Selbstorganisation mehr auf die UL LKZs fokussieren lässt, was die Ergebnisse zugunsten der UL LKZs verändert.

Außerdem können wir aus Abbildung 4.6 entnehmen, dass der DLUL-SA Algorithmus in der Netzabdeckung wesentlich besser ist als der DLUL-CD Algorithmus und sogar nahezu die gleichen Ergebnisse wie der offline Algorithmus erreicht. Dieser Effekt ist dadurch verursacht, dass die SA Methode in jeder Iteration auf zufälliger Basis alle Neigungen in $\hat{C}$ verändert, was dazu führt, dass das Netz in allen Bereichen optimiert wird. Dahingegen verändert die CD Methode pro Iteration nur eine Neigung, was dazu führt, dass sich die entsprechenden Algorithmen innerhalb der 100 Iterationen auf die wirklich kritischen Bereiche bei den HSs konzentrieren und mögliche Verbesserungen der Netzabdeckung in anderen Bereichen des Netzes außen vor lassen.

Außerdem präsentieren wir in Abbildung 4.7 die relative Verringerung der Anzahl der nicht zum Netz verbundenen Nutzer. Aus diesen Grafiken können wir die gleichen Schlussfolgerungen wie oben erklärt ziehen. Allerdings machen diese Grafiken klarer deutlich, dass die Erhöhungen der Netzabdeckung nicht vernachlässigbar klein sind. So bemerken wir, dass der DLUL-SA Algorithmus die Anzahl der Nutzer, welche im DL und UL nicht zum Netz verbunden sind, um etwa $38\,\%$ und $44\,\%$ verringern kann.

4.4.5 Benötigte Iterationen

Die Zeitdauer, welche ein online SON Algorithmus für die Selbstorganisation des Netzes benötigt, wird durch die Anzahl der benötigten Iterationen sowie durch die benötigte Zeitdauer pro Iteration bestimmt. Da die benötigte Zeitdauer pro Iteration (auch genannt zeitliche Granularität) stark von den Eigenschaften des SONs abhängt und kein Simulationsergebnis ist, werden

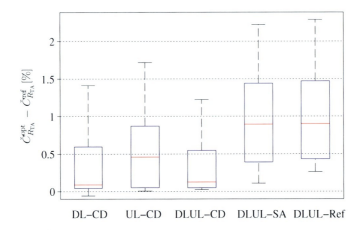

(a)Im DL. Im Median lag die DL Netzabdeckung vor der Selbstorganisation bei 97.7 %.

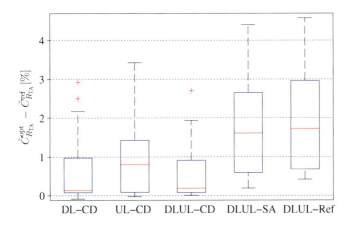

(b)Im UL. Im Median lag die UL Netzabdeckung vor der Selbstorganisation bei 96.4 %.

Abb. 4.6. Box-Plot-Diagramme der absoluten Veränderung der DL und UL Netzabdeckung im Zielgebiet für alle Algorithmen.

wir diese Größe etwas später im Abschnitt 4.5 (Anwendbarkeit in der Praxis) diskutieren.

In diesem Abschnitt evaluieren wir die Anzahl der benötigten Iterationen, d.h. die Anzahl der vom Algorithmus vorgeschlagenen Einstellungen der

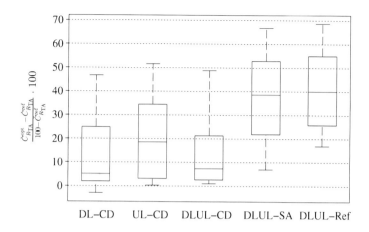

(a) Im DL. Im Median lag die DL Netzabdeckung vor der Selbstorganisation bei 97.7 %.

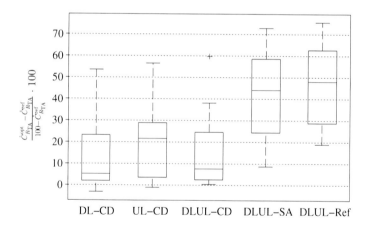

(b) Im UL. Im Median lag die UL Netzabdeckung vor der Selbstorganisation bei 96.4 %.

Abb. 4.7. Box-Plot-Diagramme der relativen Verringerung der Anzahl der nicht zum Netz verbundenen Nutzer im DL und UL im Zielgebiet für alle Algorithmen.

Antennenneigungen, welche nötig sind um die zuvor präsentierten Ergebnisse zu erreichen. Dabei betrachten wir alle 64 Simulationsszenarien. Wie bereits im Abschnitt 4.4.1 dargelegt, unterscheiden sich die 64 Szenarien untereinander wesentlich, da sich die von den Algorithmus DLUL-CD vor-

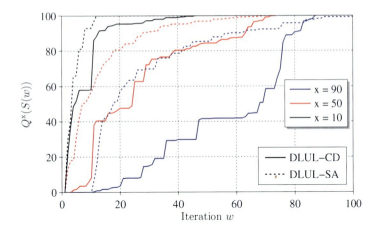

Abb. 4.8. 10., 50. und 90. Perzentil der Metrik $S(\omega)$ zur Evaluation der Konvergenz für die Algorithmen DLUL-CD und DLUL-SA.

genommenen Änderungen auf die BSs rund um die HSs fokussiert und die HSs in jedem Szenario andere Lokalitäten haben. Dadurch erzielen wir durch die Auswertung aller 64 Szenarien bereits statistische Aussagen über das Verhalten des Algorithmus.

Wir definieren die Menge $\check{\mathcal{Q}}_{\mathcal{R}_{TA}}^{5,w} = \{\check{Q}_{\mathcal{R}_{TA}}^{5,\text{ref}}, \check{Q}_{\mathcal{R}_{TA}}^{5,1}, \check{Q}_{\mathcal{R}_{TA}}^{5,2}, \ldots, \check{Q}_{\mathcal{R}_{TA}}^{5,w}\}$, wobei $\check{Q}_{\mathcal{R}_{TA}}^{5,w}$ das DL Perzentil im Zielgebiet $\mathcal{R}_{TA}$ zur Iteration ω bezeichnet. Mittels dieser Menge können wir eine Metrik erstellen, welche uns hilft die Leistung der untersuchten Algorithmen in Abhängigkeit von der Anzahl der Iterationen darzustellen. Dafür fokussieren wir uns auf das DL Perzentil:

$$S(w) = \frac{\max(\check{\mathcal{Q}}_{\mathcal{R}_{TA}}^{5,w}) - \check{Q}_{\mathcal{R}_{TA}}^{5,\text{ref}}}{\check{Q}_{\mathcal{R}_{TA}}^{5,\text{opt}} - \check{Q}_{\mathcal{R}_{TA}}^{5,\text{ref}}} \cdot 100. \tag{4.11}$$

Die Metrik $S(\omega)$ startet für $\omega = 0$ immer bei 0 (da $\check{\mathcal{Q}}_{\mathcal{R}_{TA}}^{5,0} = \{\check{Q}_{\mathcal{R}_{TA}}^{5,\text{ref}}\}$) und kann maximal einen Wert von 100 erreichen (da $\max(\check{\mathcal{Q}}_{\mathcal{R}_{TA}}^{5,w}) \leq \check{Q}_{\mathcal{R}_{TA}}^{5,\text{opt}} \ \forall \omega$). In Abbildung 4.8 präsentieren wir das 10., 50. und 90. Perzentil der Metrik $S(\omega)$ für die online Algorithmen DLUL-CD und DLUL-SA. Das Perzentil bezieht sich dabei auf die 64 verschiedenen Szenarien. Wir können beobachten, dass der Algorithmus DLUL-CD im Median über alle Szenarien (50. Perzentil) etwa 40 Iterationen benötigt, um 80 % des maximal erreichten Gewinnes zu erzielen. In 10 % der Szenarien konnte der Algorithmus bereits nach nur 13 Iterationen 90 % des maximal erreichten Gewinnes erzielen. Weiterhin

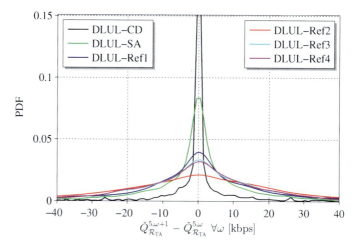

Abb. 4.9. PDF der Veränderung des DL Perzentils nach einer Veränderung der Neigungen für mehrere Algorithmen.

können wir schlussfolgern, dass der DLUL-SA Algorithmus sein maximal möglichen Gewinn schneller erreicht als der DLUL-CD Algorithmus[11].

Die Anzahl der benötigten Iterationen und die Abhängigkeit der Leistung der online Algorithmen von der Anzahl der durchgeführten Iterationen ist für die anderen LKZs nahezu identisch. Daher präsentieren wir diese Ergebnisse nicht explizit.

4.4.6 Anwendbarkeit als Online Selbstorganisation

Um die Anwendbarkeit der Algorithmen als online Selbstorganisation zu untersuchen, werten wir wie im obigen Abschnitt nur das DL Perzentil aus, da die Daten der anderen LKZs zu identischen Schlussfolgerungen führen.

In Abbildung 4.9 präsentieren wir die Wahrscheinlichkeitsdichtefunktion (PDF, engl. probability density function) der Veränderung des DL Perzentils nach einer Modifikation der Neigungen, d.h. $\check{Q}_{\mathcal{R}_{TA}}^{5,\omega+1} - \check{Q}_{\mathcal{R}_{TA}}^{5,\omega} \;\forall\omega$, für die Algorithmen DLUL-CD, DLUL-SA und DLUL-Ref1 bis DLUL-Ref4. In Abbildung 4.10 präsentieren wir für die selben Algorithmen die PDF der Veränderung des DL Perzentils im Bezug auf den Wert des DL Perzentils vor der Selbstorganisation

---

[11]Zudem ist der maximal mögliche Gewinn des DLUL-SA Algorithmus größer als der des Algorithmus DLUL-CD

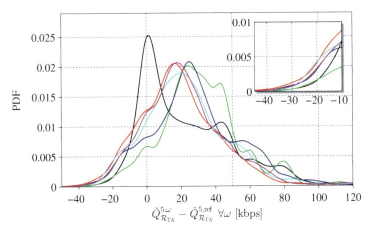

Abb. 4.10. PDF der Veränderung des DL Perzentils im Bezug auf den Wert des DL Perzentils vor der Selbstorganisation für jede Iteration. Es gilt die Legende von Abbildung 4.9.

für jede Iteration, d.h. $\check{Q}_{\mathcal{R}_{\mathrm{TA}}}^{5,\omega} - \check{Q}_{\mathcal{R}_{\mathrm{TA}}}^{5,\mathrm{ref}}\ \forall\omega$. Anhand Abbildung 4.9 können wir klar schlussfolgern, dass der Algorithmus DLUL-CD im Vergleich zu den anderen Algorithmen am behutsamsten vorgeht. Die vollzogenen Änderungen in der Einstellung der Neigungen, welche der Algorithmus DLUL-CD vorschlägt, verursachen Änderungen des DL Perzentils, welche in der Regel kleiner als $\pm 10\,\mathrm{kbps}$ sind. Der Algorithmus DLUL-SA verursacht bereits deutlich größere Änderungen des DL Perzentils, während die Referenzalgorithmen die größten Änderungen hervorrufen. Aus Abbildung 4.10 können wir ablesen, dass die Algorithmen, welche mittels der SA Methode arbeiten einerseits zu einer zufällig gewählten Iteration während der Selbstorganisation mit einer höheren Wahrscheinlichkeit das DL Perzentil verbessert haben als der DLUL-CD Algorithmus. Andererseits haben die Ersteren Algorithmen aufgrund ihrer verhältnismäßig großen Änderungen in den Einstellungen der Neigungen auch eine höhere Wahrscheinlichkeit das DL Perzentil verschlechtert zu haben (siehe eingesetzter Graph in Abbildung 4.10). Das dieser in Abb. 4.10 zunächst klein wirkender Nachteil jedoch signifikant für die Anwendbarkeit als online Selbstorganisation ist, stellen wir im Folgenden dar.

Da wir davon ausgehen, dass der Netzbetreiber starke Verschlechterungen der LKZs unbedingt vermeiden bzw. der Anzahl minimieren möchte, darf ein online SON nach einer anfänglichen Anlaufzeit nur noch sehr selten Einstellungen der Neigungen vorschlagen, welche eine Verschlechterung der

Werte der betrachten LKZs im Vergleich zu deren Werten zu Beginn der Selbstorganisation zur Folge haben. Solche Verschlechterungen können zu Beginn der Selbstorganisation jedoch kaum vermieden werden, da hier eine Verschlechterung vom aktuellen Wert der LKZ sehr schnell eine Verschlechterung bzgl. des Anfangswertes der LKZ zur Folge haben kann. Um diesen Aspekt der Algorithmen zu evaluieren, erstellen wir die Metrik

$$B_{15} = \sum_{\omega=16}^{100} 1 - H(\check{Q}_{\mathcal{R}_{TA}}^{5,\omega} - \check{Q}_{\mathcal{R}_{TA}}^{5,\text{ref}}), \qquad (4.12)$$

wobei H die Heaviside- bzw. Sprung-Funktion ist. B_{15} zählt die Anzahl der vorgeschlagenen Einstellungen der Neigungen, die eine Verschlechterung des Wertes des DL Perzentils im Vergleich zum Anfangswert zur Folge haben, wobei eine Anlaufzeit von 15 Iterationen ignoriert wird. In Abbildung 4.11 präsentieren wir den Median dieser Metrik über alle 64 Szenarien für die Algorithmen DLUL-CD, DLUL-SA und DLUL-Ref1 bis DLUL-Ref4. Zu sehen ist, dass die Referenzalgorithmen wesentlich häufiger nachteilige Einstellungen der Neigungen vorschlagen als die online Algorithmen DLUL-CD und DLUL-SA. Ursache für dieses Ergebnis ist, dass die Algorithmen DLUL-CD und DLUL-SA

- kleinere Änderungen in der Einstellung der Neigungen vornehmen als die Referenzalgorithmen.
- Einstellungen der Neigungen, welche eine Verschlechterung der Werte der LKZs mit sich führen, stärker vermeiden als die Referenzalgorithmen.

Dadurch ist für die Algorithmen DLUL-CD und DLUL-SA die Wahrscheinlichkeit, die Werte der LKZs während der Selbstorganisation zu verschlechtern, geringer als für die Referenzalgorithmen (siehe eingefügter Teilgraph in Abb. 4.10). Auf Grundlage dieser Ergebnisse schlussfolgern wir, dass die Referenzalgorithmen ungeeignet und die Algorithmen DLUL-CD und DLUL-SA geeignet für eine online Selbstorganisation sind. Wir möchten darauf hinweisen, dass wir aufgrund des geringen Wissens über das Netz, die Änderungen der LKZs für eine bestimmte Änderung der Einstellung der Neigungen nicht voraussagen können. Daher lässt es sich in einem online SON nicht gänzlich vermeiden, dass die betrachteten LKZs im Vergleich zu deren Anfangswerten gelegentlich verschlechtert werden.

Weiterhin möchten wir klarstellen, dass die Entscheidung, ob ein Algorithmus anwendbar für eine online Operation ist oder nicht, letztlich die Entschei-

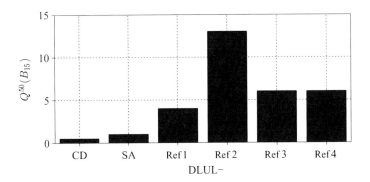

Abb. 4.11. Metrik B_{15} für eine Auswahl an Algorithmen.

dung der Netzbetreibers ist. Jeder Netzbetreiber toleriert eine unterschiedlich starke Qualität und Quantität der Verschlechterungen der LKZs und würde somit die besagte Einteilung der Algorithmen anders durchführen. Die obige Auswertung macht ebenfalls klar, dass der Algorithmus DLUL-CD im Vergleich zum Algorithmus DLUL-SA zwar geringere Verbesserungen in den LKZs erreicht, dafür jedoch seltener Einstellungen der Neigungen vorschlägt, welche nachteilige Werte der LKZs zur Folge haben.

Bei der Erstellung von online SONs können wir es als eine grundlegende Herausforderung betrachten, den richtigen Kompromiss zwischen der Verbesserung der LKZs und dem Vermeiden von für die LKZs nachteiligen Einstellungen der Parameter zu finden. In unserer Arbeit tendiert der DLUL-CD Algorithmus mehr dazu für die LKZs nachteilige Einstellungen der Parameter zu vermeiden während der DLUL-SA Algorithmus eher auf eine Verbesserung der LKZs fokussiert ist. Welches der bessere Kompromiss ist, ist letztendlich Entscheidung des Netzbetreibers.

Die obige Anwendung unseres Konzeptes zur Selbstorganisation mehrerer LKZs bei geringem Systemwissen zeigt jedoch, dass mittels der Wahl und Parametrisierung der Suchmethode der gewünschte Kompromiss eingestellt werden kann. An dieser Stelle möchten wir schon vorwegnehmen, dass mittels der Freiheiten in der Definition der Kostenfunktionen ebenfalls der Kompromiss zwischen unterschiedlichen LKZs stufenlos angepasst werden kann. Im Folgenden untersuchen wir den Einfluss der Kostenfunktionen auf das erzielte Ergebnis der Selbstorganisation.

4.4.7 Sensitivitätsanalyse der Kostenfunktionen

Wie bereits erwähnt, beeinflusst die Wahl der Kostenfunktionen die Entscheidungen des SONs. Daher ist es für uns von Interesse zu analysieren, inwiefern die Kostenfunktionen die in unserer Simulation erreichten Ergebnisse beeinflussen können. Da wir mittels dieser Sensitivitätsanalyse rein qualitativ darlegen wollen wie sich die Ergebnisse der Selbstorganisation durch das Modifizieren der Kostenfunktionen beeinflussen lassen, betrachten ausschließlich den Algorithmus DLUL-CD (außer für das 1. Experiment) und untersuchen nur eines der 64 Szenarien. Die erzielten Veränderungen in der Selbstorganisation beruhen stets auf einer Änderung der Kosten einzelner oder mehrerer LKZs und können daher qualitativ auf die anderen Algorithmen und Szenarien übertragen werden.

Der Einfachheit halber verwenden wir im ersten Teil der Analyse nur die Kostenfunktion $\check{\varphi}_Q$ für das DL Perzentil. In drei einzelnen Experimenten verändern wir jeweils (i) den Schwellwert, (ii) den Exponenten und (iii) den Gewichtsfaktor der Kostenfunktion und analysieren die Veränderungen in den Ergebnissen der Selbstorganisation. Im zweiten Teil der Sensitivitätsanalyse verwenden wir die Kostenfunktionen $\check{\varphi}_Q$ und $\hat{\varphi}_Q$ des DL und UL Perzentils gleichzeitig. Wir untersuchen, inwiefern der Fokus der Selbstorganisation zwischen verschiedenen LKZs durch die Wahl der Kostenfunktion verschoben werden kann. Dafür führen wir drei Experimente durch bei welchen wir jeweils (i) den Schwellwert der UL Kostenfunktion, (ii) die Schwellwerte beider Kostenfunktionen zugleich und (iii) den Gewichtsfaktor der UL Kostenfunktionen verändern, während die restlichen Parameter der Kostenfunkionen konstant bleiben. Wie im ersten Teil der Analyse werden wir die Veränderungen in den Ergebnissen der Selbstorganisation auswerten.

Für beide Teile der Sensitivitätsanalyse gilt: Falls nicht anders beschrieben, entsprechen die Parameter der Kostenfunktionen, welche konstant bleiben, stets den Werten der in Abschnitt 4.4.2, Abbildung 4.2 präsentierten Kostenfunktionen.

Bei Verwendung einer Kostenfunktion

In diesem Teil verwenden wir ausschließlichen die Kostenfunktion $\check{\varphi}_Q$ des DL Perzentils.

Im ersten Experiment erhöhen wir den Schwellwert $\check{Q}_{\mathcal{R}}^{5,\text{TH}}$ schrittweise von

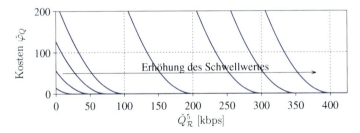

(a) Der Schwellwert $\tilde{Q}_{\mathcal{R}}^{5,\mathrm{TH}}$ wird schrittweise von 25 kbps bis auf 400 kbps erhöht. Die restlichen Parameter der Kostenfunktion werden konstant gehalten und entsprechen der in Abbildung 4.2b gezeigten DL Kostenfunktion, d.h. die Kostenfunktion mit einem Schwellwert von 400 kbps entspricht exakt der DL Kostenfunktion aus Abbildung 4.2b.

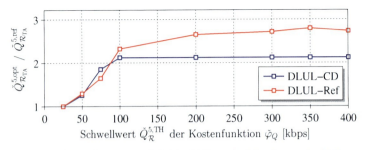

(b) Relative Veränderung des DL Perzentils bei der Erhöhung des Schwellwertes der DL Kostenfunktion bei Verwendung des DLUL-CD Algorithmus und Vergleich mit dem Referenzalgorithmus DLUL-Ref. Exponent $n = 2$ und Gewichtsfaktor $a = 0.0225$ sind konstant.

Abb. 4.12.   Erstes Experiment der Sensitivitätsanalyse.

25 kbps bis auf die oben verwendeten 400 kbps (siehe Abbildung 4.12a). In Abbildung 4.12b präsentieren wir die relative Veränderung im DL Perzentil für jede Konfiguration. Für beide Algorithmen (DLUL-CD und DLUL-Ref) ist zu sehen, dass die Verbesserung des DL Perzentils bis zu einem Schwellwert von 100 kbps ansteigt und von da an konstant bleibt. Wählen wir den Schwellwert sehr klein, so spielen wir nicht das gesamte Potenzial der Selbstorganisation aus, da das SON bereits beim erreichen des (kleinen) Schwellwertes die Kosten zu null minimiert hat und keinerlei Änderungen in den Neigungen mehr vornehmen muss. Ein zu großer Schwellwert kann dazu führen, dass das SON unbegrenzt lange nach einer Einstellung der Neigungen sucht, welche den Schwellwert erfüllt, da keine mögliche Einstellung der Neigungen den Schwellwert erreichen kann. Da der DLUL-CD Algorithmus aber maximal

100 Iterationen durchführt und danach zur besten gefundenen Einstellung der Neigungen springt, bleibt der Gewinn im DL Perzentil mit steigendem Schwellwert konstant. Im allgemeinen erfordern hohe Schwellwerte jedoch den Einsatz von Regelungstechnik, um unbegrenzt lange Suchen nach neuen Einstellungen der Parameter zu vermeiden. Wir können feststellen, dass der qualitative Verlauf der Algorithmen DLUL-CD und DLUL-Ref gleich ist. Dies wird dadurch verursacht, dass auch der DLUL-Ref Algorithmus den Ansatz der Kostenfunktionen verwendet und für ihn daher die selben oben erwähnten Mechanismen greifen. Schlussfolgern können wir, dass die bereits in Kapitel 3 getroffene Aussage, dass der Schwellwert unter Berücksichtigung des betrachteten Netzes und der Ziele der Selbstorganisation definiert werden sollte, korrekt ist.

Im zweiten Experiment setzen wir den Schwellwert der DL Kostenfunktion auf 75 kbps fest und erhöhen den Exponenten von $n = 1$ schrittweise bis auf $n = 6$ (siehe Abbildung 4.13a). In Abbildung 4.13b ist zu sehen, dass diese Änderung der Kostenfunktion keinen Einfluss auf das Ergebnis der Selbstorganisation hat. Da das SON außer der DL Kostenfunktion $\check{\varphi}_Q$ des Perzentils keine weitere Kostenfunktion verwendet führt eine Erhöhung des Exponenten dazu, dass sich nur die Werte der Kosten für die Sektoren oder Cluster ändern, was jedoch keine Veränderungen in den Entscheidungen der CD Methode hervorruft[12]. Wie bereits im vorherigen Experiment zu erkennen war, verringert sich die Leistung des SONs, wenn der Schwellwert der Kostenfunktion zu gering ist.

Im dritten Experiment erhöhen wir den Gewichtsfaktor der DL Kostenfunktion und halten die restlichen Parameter konstant (siehe Abbildung 4.14a). In Abbildung 4.14b präsentieren wir die dazugehörigen Ergebnisse des DL Perzentils. Zu sehen ist, dass auch das Erhöhen des Gewichtsfaktors keinen Einfluss auf die Selbstorganisation hat, wenn wir lediglich eine Kostenfunktion verwenden. Ebenso wie im zweiten Experiment erhöhen sich nur die Kosten der einzelnen Sektoren bzw. Cluster, was jedoch keine Änderungen in den Entscheidungen der CD Methode verursacht. Auch hier können wir beobachten, dass nicht das gesamte Potential des SONs ausgereizt wird, wenn der Schwellwert der Kostenfunktion zu gering ist.

---

[12]Die CD Methode entscheidet bzgl. des Vorzeichens der Änderung der Kosten, ob eine Modifikation der Neigungen von Vorteil war oder nicht. Erhöhen wir die Steilheit einer einzelnen Kostenfunktion, so ändert sich bei keiner Neigungsmodifikation das Vorzeichen der Kostenänderung.

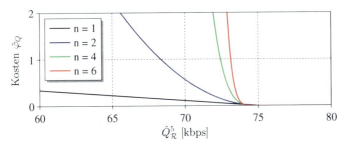

(a) Der Exponent der DL Kostenfunktion wird schrittweise von $n = 1$ bis auf $n = 6$ erhöht. Dies führen wir für die Schwellwerte 75 kbps, 200 kbps und 400 kbps durch. Dargestellt ist nur die Änderung der Kostenfunktion mit einem Schwellwert von 75 kbps. Die restlichen Parameter der Kostenfunktion werden konstant gehalten.

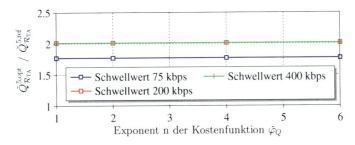

(b) Relative Veränderung des DL Perzentils bei der Erhöhung des Exponenten der DL Kostenfunktion für verschiedene Schwellwerte bei Verwendung des DLUL-CD Algorithmus. Der Gewichtsfaktor $a = 0.0225$ ist konstant.

Abb. 4.13. Zweites Experiment der Sensitivitätsanalyse.

Bei Verwendung mehrerer Kostenfunktionen

Komplexer wird das System, wenn wir mehrere Kostenfunktionen zur Selbstorganisation verwenden. Im Folgenden werden wir die DL und UL Kostenfunktionen $\check{\varphi}_Q$ und $\hat{\varphi}_Q$ verwenden.

Beim vierten Experiment unserer Sensitivitätsanalyse erhöhen wir den Schwellwert der Kostenfunktion $\hat{\varphi}_Q$ des UL Perzentils von 0 kbps bis auf 100 kbps während wir die Kostenfunktion $\check{\varphi}_Q$ des DL Perzentils mit einem Schwellwert von 75 kbps konstant halten (siehe Abbildung 4.15a). In Abbildung 4.15b präsentieren wir die zugehörigen Ergebnisse der Selbstorganisation im UL und UL Perzentil. Zu erkennen ist, dass mit steigendem Schwellwert $\hat{Q}_{\mathcal{R}}^{5,\text{TH}}$ der UL Kostenfunktion $\hat{\varphi}_Q$ die Leistung im UL Perzentil steigt. Dies entspricht

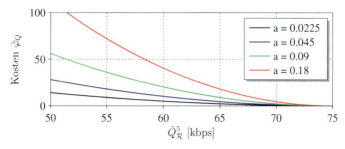

(a) Der Gewichtsfaktor der DL Kostenfunktion wird schrittweise von $a = 0.0225$ bis auf $a = 0.18$ erhöht. Dies führen wir für die Schwellwerte 75 kbps, 200 kbps und 400 kbps durch. Dargestellt ist nur die Änderung der Kostenfunktion mit einem Schwellwert von 75 kbps. Die restlichen Parameter der Kostenfunktion werden konstant gehalten.

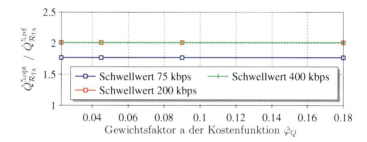

(b) Relative Veränderung des DL Perzentils bei der Erhöhung des Gewichtsfaktors der DL Kostenfunktion für verschiedene Schwellwerte bei Verwendung des DLUL-CD Algorithmus. Der Exponent $n = 2$ ist konstant.

Abb. 4.14. Drittes Experiment der Sensitivitätsanalyse.

unseren Erwartungen, da mit steigendem Schwellwert der Anteil der UL Kosten an den Gesamtkosten steigt, was dem UL in der Selbstorganisation einen höheren Stellenwert gibt. Ebenso beobachten wir, dass sich die relative Veränderung $\check{Q}^{5,\mathrm{opt}}_{\mathcal{R}_{\mathrm{TA}}}/\check{Q}^{5,\mathrm{ref}}_{\mathcal{R}_{\mathrm{TA}}}$ im DL Perzentil mit steigendem Schwellwert $\hat{Q}^{5,\mathrm{TH}}_{\mathcal{R}}$ der UL Kostenfunktion $\check{\varphi}_Q$ zunächst von 1.77 auf 1.58 verschlechtert, jedoch für Schwellwerte ab $75\,\mathrm{kbps}$ wieder auf 1.74 steigt. Diesen uneindeutigen Trend begründen wir damit, dass beide der oben erwähnten Effekte zwischen DL und UL Datendurchsatz[13] stets vorhanden sind und je nach Konfiguration mal der eine oder der andere Effekt überwiegt. Schlussfolgern können wir, dass sich die Prioritäten zwischen den LKZs über die Definition der Kostenfunktio-

---

[13] Einerseits schränkt das Hinzufügen von UL Durchsatzkosten zu bestehenden DL Durchsatzkosten die Selbstorganisation mehr ein, andererseits glätten die UL Durchsatzkosten die Gesamtkosten.

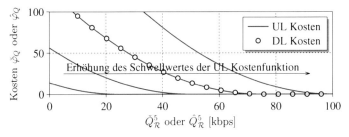

(a) Der Schwellwert der UL Kostenfunktion wird schrittweise erhöht während die DL Kostenfunktion mit einem Schwellwert von $75 kbps$ konstant bleibt. Die restlichen Parameter der Kostenfunktion werden ebenfalls konstant gehalten, d.h. es gilt: Exponent $n = 2$ und Gewichtsfaktor $a = 0.0225$.

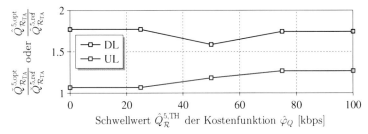

(b) Relative Veränderung des DL und UL Perzentils bei der Erhöhung des Schwellwertes der UL Kostenfunktion bei konstanter DL Kostenfunktion für den DLUL-CD Algorithmus. Exponent $n = 2$ und Gewichtsfaktor $a = 0.0225$ beider Kostenfunktionen sind konstant.

Abb. 4.15. Viertes Experiment der Sensitivitätsanalyse.

nen verändern lässt. Die Leistung steigt in einer LKZ, wenn wir den Anteil der Kosten dieser LKZ an den Gesamtkosten erhöhen. Dies kann z.B. durch das verändern des Schwellwertes geschehen. Unabhängig von der Sensitivitätsanalyse möchten wir darauf hinweisen, dass wir an Abbildung 4.15b sehen können, dass eine Verbesserung des UL nicht zwingend den DL verbessert. Daher ist eine simultane DL und UL Selbstorganisation sinnvoll.

Im nächsten Experiment erstellen wir drei verschiedene Konfigurationen der DL und UL Kostenfunktionen, wobei wir bei jeder Konfiguration die Kostenfunktionen geschickt so wählen, dass das Verhältnis zwischen DL und UL Kosten zu beginn der Selbstorganisation stets bei $13 : 1$ liegt. Das heißt, dass wir die Priorisierung zwischen DL und UL konstant lassen. Die Konfigurationen sind in Tabelle 4.4 präsentiert und werden ausschließlich durch die Veränderung der Schwellwerte $\check{Q}_{\mathcal{R}}^{5,\mathrm{TH}}$ und $\hat{Q}_{\mathcal{R}}^{5,\mathrm{TH}}$ der DL und UL Kosten-

Tab. 4.4. Drei verschiedene Konfigurationen der DL und UL Kostenfunktionen $\check{\varphi}_Q$ und $\hat{\varphi}_Q$. In jeder Konfiguration haben die Kostenfunktionen $\check{\varphi}_Q$ und $\hat{\varphi}_Q$ die gleiche Gestalt wie die in Abbildung 4.2 präsentierten Kostenfunktionen (d.h. es gilt: Exponent $n = 2$ und Gewichtsfaktor $a = 0.0225$), wobei jedoch der Schwellwert verändert wird. Das Verhältnis der DL zu UL Kosten beträgt in jeder Konfiguration $13 : 1$.

Konfiguration	$\check{Q}_{\mathcal{R}}^{5,\mathrm{TH}}$ [kbps]	$\hat{Q}_{\mathcal{R}}^{5,\mathrm{TH}}$ [kbps]
1	75	50
2	165	75
3	260	100

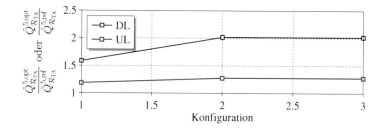

Abb. 4.16. Fünftes Experiment der Sensitivitätsanalyse. Dargestellt wird die relative Veränderung des DL und UL Perzentils für die drei verschiedenen Konfigurationen der Kostenfunktionen aus Tabelle 4.4 bei Verwendung des DLUL-CD Algorithmus. Exponent $n = 2$ und Gewichtsfaktor $a = 0.0225$ beider Kostenfunktionen sind konstant.

funktionen $\check{\varphi}_Q$ und $\hat{\varphi}_Q$ erreicht, d.h. das die Kostenfunktionen abgesehen von den Schwellwerten die selbe Gestalt wie in Abbildung 4.2 haben. In Abbildung 4.16 präsentieren wir die dazugehörigen Ergebnisse der Selbstorganisation im DL und UL Perzentil. Zu beobachten ist, dass die Leistung im DL als auch im UL Perzentil von Konfiguration 1 zu Konfiguration 2 hin zunimmt. Grund ist, dass in Konfiguration 1 noch nicht das gesamte Potential der Selbstorganisation ausgenutzt wird (vergleiche Abbildung 4.12). Der Fakt, dass sich bei gleichbleibenden Kostenverhältnis die Leistung im DL Perzentil wesentlich stärker steigert als die im UL Perzentil validiert unsere obige Behauptung, dass das UL Perzentil weniger stark von Veränderungen der Neigungen abhängt als das DL Perzentil. Wir können schlussfolgern, dass das Ergebnis der Selbstorganisation trotz gleicher Kostenverhältnisse zwischen den betrachteten LKZ für verschiedene Konfigurationen der Kostenfunktionen nicht gleich sein muss, wenn in einer der Konfigurationen nicht das gesamte Potenzial der Selbstorganisation in einer LKZ ausgenutzt wird bzw. wenn die Schwellwerte einer Kostenfunktion zu niedrig sind. Sind die Schwellwerte hoch genug, so beeinflusst das Verändern der Schwellwerte mit gleichbleibenden Verhältnis der Kosten die Selbstorganisation nicht. Grund ist, dass sich durch diese Modifikationen in den Kostenfunktionen die Änderungen in den Gesamtkosten, welche durch Korrekturen der Neigungen entstehen, nur skaliert werden, sich jedoch nicht im Vorzeichen ändern. Dadurch ändern sich die Entscheidungen der CD Methode nicht.

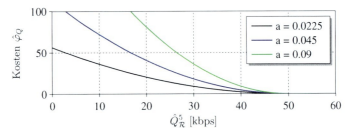

(a) Die DL und UL Kostenfunktionen werden wie in Konfiguration 2 von Tabelle 4.4 spezifiziert gewählt. Ausgehend von dieser Konfiguration wird der Gewichtsfaktor der UL Kostenfunktion schrittweise erhöht während die DL Kostenfunktion konstant gehalten wird.

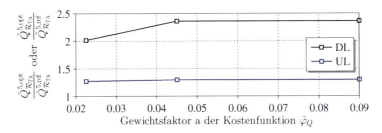

(b) Relative Veränderung des DL und UL Perzentils bei der Erhöhung des Gewichtsfaktors der UL Kostenfunktion bei konstanter DL Kostenfunktion unter Verwendung des DLUL-CD Algorithmus. Exponent $n = 2$ und der Schwellwert ($\hat{Q}_{\mathcal{R}}^{5,\text{TH}} = 165$ kbps und $\hat{Q}_{\mathcal{R}}^{5,\text{TH}} = 75$ kbps) beider Kostenfunktionen sind konstant.

Abb. 4.17. Sechstes Experiment der Sensitivitätsanalyse.

Im sechsten Experiment unserer Sensitivitätsanalyse erhöhen wir ausgehend von der Konfiguration 2 in Tabelle 4.4 den Gewichtsfaktor der UL Kostenfunktion (siehe Abbildung 4.17a) während wir die restlichen Parameter beider Kostenfunktionen konstant halten. In diesem Experiment erwarten wir eine Änderung der Leistungen in den LKZs, da sich das Kostenverhältnis zwischen den LKZs verändert. In Abbildung 4.17b präsentieren wir die Ergebnisse der Selbstorganisation im DL und UL Perzentil. Zu beobachten ist, dass sich die Verbesserung im UL Perzentil mit steigendem Gewichtsfaktor nur leicht von

$27,2\%$ auf $29,8\%$ erhöht, während im DL Perzentil eine merkliche Besserung von 101% auf 136% zu verzeichnen ist. Die Verbesserung der Leistung im DL Perzentil begründen wir mit der Kopplung zwischen UL und DL Perzentil. Die zunächst klein wirkende Änderung des UL Perzentils werten wir jedoch als nicht unwesentlich, da selbst im Experiment fünf bei einer wesentlichen Erhöhung des Schwellwertes der UL Kostenfunktion der Gewinn im UL Perzentil lediglich von $18,3\%$ auf $27,2\%$ angestiegen ist. Eine weitere Erhöhung dieser Leistung auf $29,8\%$ ist daher nicht unwesentlich.

Da eine Erhöhung des Gewichtsfaktors der UL Kostenfunktion eine Erhöhung der Leistung in dieser LKZ zur Folge hat, schlussfolgern wir, dass sich der Gewichtsfaktor, wie in Abschnitt 3 vorgeschlagen, gut dazu eignet die Prioritäten zwischen verschiedenen LKZs fein einzustellen. Allerdings kann es aufgrund einer inhärenten Kopplung zwischen den LKZs dazu kommen, dass LKZs, dessen Priorität nicht erhöht werden sollte, dennoch von der Erhöhung der Kosten einer anderen LKZ profitieren.

Diese Sensitivitätsanalyse wurde für nur ein Szenario durchgeführt. Weitere Szenarien werden nicht präsentiert, da die Ergebnisse für andere Szenarien im qualitativen Sinne identisch sind. Der Grund ist, dass die den Änderungen der Ergebnisse der Selbstorganisation zugrundeliegenden Mechanismen in allen anderen Szenarien dieselben bleiben, wodurch die Ergebnisse im qualitativen Sinne von Szenario zu Szenario invariant sind. Beispielsweise wird die Selbstorganisation unabhängig vom Szenario stets keine Verbesserung des DL Perzentils erreichen, wenn der Schwellwert zu gering ist. Erst wenn der Schwellwert so hoch ist, dass Kosten entstehen, wird das SON das DL Perzentil verbessern können (siehe Abb. 4.12). Dieser Mechanismus tritt daher unabhängig vom gewählten Szenario ein. Selbstverständlich ist jedoch der Wert des Schwellwertes, ab welchen das SON beginnt eine Verbesserung zu erzielen, vom Szenario abhängig, da in jedem Szenario die vorherrschenden Werte des DL Perzentils anders sein können.

Aus der Sensitivitätsanalyse können wir schlussfolgern, dass wir durch die Wahl der Kostenfunktionen die Ergebnisse der Selbstorganisation umfassend beeinflussen können. Wie im Kapitel 3 bereits erwähnt, ist diese Eigenschaft beabsichtigt. Auf diese Weise können Netzbetreiber das SON auf ihre individuellen Ziele und Prioritäten adaptieren. Die Kostenfunktionen können ebenfalls im laufenden Betrieb des SONs verändert werden, was beispielsweise zur Feinabstimmung der Prioritäten zwischen einzelnen LKZs getan werden kann.

4.4.8 Zusammenfassung und Schlussfolgerungen

Im Abschnitt 4.4 dieser Arbeit untersuchten wir die Leistung der vorgeschlagenen online Algorithmen als auch der offline Referenzalgorithmen in
einem realistischen innerstädtischen Simulationsszenario. Es wurde der Datendurchsatz (5. und 50. Perzentil), die Netzabdeckung und die Konvergenz
der Algorithmen evaluiert. Weiterhin haben wir die Anwendbarkeit der vorgeschlagenen Algorithmen für eine online Selbstorganisation und den Einfluss
der Kostenfunktionen auf die Ergebnisse der Selbstorganisation untersucht.

DL vs. UL vs. simultane DL und UL Selbstorganisation

Basierend auf den oben präsentierten Ergebnissen können wir schlussfolgern,
dass die simultane DL und UL Selbstorganisation der alleinigen DL oder
UL Selbstorganisation im Sinne unserer Ziele für die Selbstorganisation (Abschnitt 4.2) überlegen ist. Wir ziehen diese Schlussfolgerung, da der DLUL-CD
Algorithmus über alle betrachteten LKZs das beste Gesamtergebnis liefert:
im Median über alle Szenarien erreicht der DLUL-CD Algorithmus (i) die
beste Leistung im DL Perzentil, (ii) im UL Perzentil trotzdem eine dem DL-CD
Algorithmus überlegene Leistung und (iii) erhöht dabei die Netzabdeckung
noch leicht. Der UL-CD Algorithmus erzielt ebenfalls eine sehr gutes Gesamtergebnis, kann im DL Perzentil aber nicht mit dem DLUL-CD Algorithmus
mithalten, ist dafür aber im UL Perzentil und in der Netzabdeckung überlegen. Nichtsdestotrotz favorisieren wir den DLUL-CD Algorithmus, da wir in
der Selbstorganisation eine Priorisierung des DL Perzentils gegenüber des UL
Perzentils durchsetzen möchten und bei erfüllter minimaler Netzabdeckung
(95 %) den Fokus hin zum Datendurchsatz verschieben wollen (siehe Ziele
der Selbstorganisation in Abschnitt 4.2). Das Gesamtergebnis des DLUL-CD
Algorithmus erfüllt diese Anforderungen am besten.

Coordinate Descent vs. Simulated Annealing

Weiterhin können wir aus den obigen Ergebnissen schlussfolgern, dass die
SA Methode der CD Methode im Sinne der Verbesserung der Werte der LKZs
überlegen ist. Vergleicht man den DLUL-CD Algorithmus mit dem DLUL-SA
Algorithmus, so ist zu erkennen, dass letzterer in allen LKZs besser abschnei-
det und weniger Iterationen benötigt. Dennoch können wir die Verwendung
der CD Methode in gleichem Maße empfehlen, wie wir es für die SA Methode
machen würden. Der Grund ist, dass es bei der SA Methode schwer ist die
richtigen Parameter (siehe Eingabe von Pseudocode 3) zu bestimmen. Un-

ter anderem müssen die initiale Temperatur T_{ini} und der Temperaturverlauf definiert werden. Wie wir in Abschnitt 4.4.6 anhand der Ergebnisse für die offline Algorithmen (Referenzalgorithmen) sehen können, kann eine leichte Veränderung der Parameter der SA Methode ein entsprechendes SON ungeeignet für eine online Selbstorganisation machen (da z.B. bei zu hohen Temperaturen die Veränderungen in den Parametereinstellungen zu groß werden). Bei der Anwendung in der Praxis müssten sämtliche Parameter zunächst in Tests bestimmt werden, was wir als umfangreich und schwierig betrachten. Im Gegensatz dazu gilt es bei der CD Methode im wesentlichen nur eine adäquate Schrittweite des betrachteten Parameters zu bestimmen. Diese Aufgabe betrachten wir als wesentlich einfacher als das bestimmen eines adäquaten Parameter-Sets für die SA Methode.

Online vs. Offline SON

Im Datendurchsatz erzielt der online Algorithmus DLUL-SA 87% (DL) und 54% (UL) der Leistung des offline Referenzalgorithmus während der Algorithmus DLUL-CD eine etwas schlechtere Leistung erzielt. Das die online Algorithmen DLUL-CD und DLUL-SA die Werte der LKZs nicht so stark verbessern können wie ein offline SON war erwartet, da online SON Lösungen den Anforderungen einer online Selbstorganisation gerecht werden müssen, was unter anderem Einschränkungen in der Wahl bzw. Konfiguration der verwendeten Optimierungsmethode mit sich führt (siehe Kapitel 2). Weiterhin können wir zusammenfassen, dass die online Algorithmen, je nach Algorithmus und je nach Anforderung an die Verbesserung der LKZs, etwa 10 bis 80 Iterationen für die Selbstorganisation benötigen. Die Iterationen des offline Referenzalgorithmus würden bei einer realen Anwendung in der Simulation stattfinden und nur die finale Einstellung der Neigungen würde im realen Netz angewandt werden. Dies würde also nur einer Veränderung der Einstellung der Neigungen entsprechen.

Wir möchten nochmal darauf hinweisen, dass es ein großer Vorteil des online SONs gegenüber dem offline SON ist, dass ein online SON sehr geringe Anforderungen für die Anwendbarkeit in der Praxis hat. Daher treffen wir eine Schlussfolgerung über den Vergleich zwischen online und offline Selbstorganisation erst, nachdem wir die Aspekte der Anwendbarkeit in der Praxis erörtert haben. Dies wird im folgenden Kapitel adressiert.

4.5 Anwendbarkeit in der Praxis

Dieser Abschnitt diskutiert Aspekte der Anwendung in der Praxis für die vorgeschlagenen Algorithmen.

4.5.1 Zeitliche Granularität und Netzdynamiken

Wie bereits zuvor erwähnt, wird die benötigte Zeitdauer für die Selbstorganisation durch die Anzahl der durchgeführten Iterationen und die pro Iteration benötigte Zeitdauer bestimmt. Daher ist es für uns nicht nur von Interesse wie viele Iterationen die online Algorithmen durchführen, sondern auch wie lange jede Iteration benötigt.

Wir bezeichnen die Zeitdauer zwischen zwei Modifikationen der Einstellungen der Neigungen (zwischen zwei Iterationen) als die zeitliche Granularität der Algorithmen. Aufgrund der online Selbstorganisation ist die zeitliche Granularität der Algorithmen von unten durch die längste der folgenden Aktionen beschränkt:

1. Sammeln einer ausreichend großen Statistik an Messungen zur Bestimmung der LKZs

2. Übertragung der Statistiken entweder zum Netzwerkmanagement oder zu anderen BSs

3. Berechnung der neuen Einstellung der Neigungen

4. Veränderung der Einstellung der Neigungen.

Da wir davon ausgehen, dass die Neigungen elektronisch (mittels des sogenannten e-tilts) verändert werden, können wir annehmen, dass die benötigte Zeitdauer für Punkt 4 nicht den Bereich von einigen Sekunden überschreitet. Außerdem gehen wir davon aus, dass die benötigte Zeitdauer für Punkt 3 ebenfalls im Bereich von Sekunden liegt, da die auszuführenden Pseudocodes 1 und 2 oder 3 für heutige Rechentechnik keine Herausforderung darstellen. Wie wir im Folgenden sehen werden, erfordert die Übertragung der Statistiken zum Netzwerkmanagement nur den Austausch von einigen hundert Kilobits, so dass wir davon ausgehen können, dass die benötigte Zeitdauer für Punkt 2 nicht den Bereich von einigen Minuten überschreiten wird. Da, wie wir ebenfalls im Folgenden darstellen werden, die benötigte Zeitdauer für das Sammeln einer ausreichend großen Statistik an Messungen zur Bestimmung der LKZs durchaus den Bereich von einigen Minuten überschreiten kann, ist Punkt 1 der obigen Liste die kritische Zeitdauer für die zeitliche Granularität der online Algorithmen.

Um die letztere Zeitdauer abschätzen zu können, müssen wir wissen (i) wie viele Messungen wir sammeln müssen und (ii) wie lange es dauert eine Messung zu erhalten. In [GC76] präsentieren die Autoren eine Methode, welche es ermöglicht die Anzahl der Messungen zu bestimmen, welche nötig sind um das Perzentil mit einer bestimmten Genauigkeit berechnen zu können. Um diese Methode anwenden zu können muss jedoch die zugrundeliegende Verteilungsfunktion der Messungen bekannt sein. In unserem Fall ist die zugrundeliegende Verteilungsfunktion der Messungen, d.h. die Verteilung der Datendurchsätze in einer Zelle, stark abhängig von der Nutzerverteilung in der Zelle und damit im allgemeinen unbekannt. Daher können wir die Anzahl der nötigen Messungen nicht exakt berechnen sondern nur abschätzen. In [SDBS11] wird die Genauigkeit einer Perzentilberechnung in einem Zufallsexperiment in Abhängigkeit von der Menge der Messungen untersucht. Basierend auf diesen Ergebnissen können wir davon ausgehen, dass 500 bis 1000 unkorrelierte Messungen[14] ausreichend für eine genaue Berechnung des Perzentils sind. Wir gehen davon aus, dass wir etwa die gleiche Anzahl von Messungen benötigen, um die Netzabdeckung bestimmen zu können.

Aber wie viel Zeit benötigen wir um eine Messung zu erhalten? Gehen wir von einer ressourcenfairen Bandbreitenteilung und einer Zelllast von $\rho = 0.5$ aus, so können wir die Anzahl der Nutzer, welche in einer Zelle simultan aktiv sind, zu $\rho/1_{-\rho} = 1$ berechnen [Fre+01]. Folgen wir diesem Beispiel und nehmen weiterhin an, dass jede erhaltene Messung unkorreliert ist und dass die Nutzer oder die BS 1 Mbit an Daten mit einem durchschnittlichen Datendurchsatz von 500 kbps übertragen, so erhalten wir alle 2 s eine Messung. Somit würde es $2\,\mathrm{s} \cdot 1000 = 2000\,\mathrm{s} \approx 33\,\mathrm{min}$ dauern, bis wir genügend Messungen gesammelt hätten. Allerdings verändert sich diese Zeitdauer, wenn wir andere Werte für die Abschätzung annehmen. Zum Beispiel ist es auch möglich das Perzentil auf Grundlage einer wesentlich kleineren Anzahl an Messungen zu bestimmen, wenn man ungenauere Ergebnisse tolerieren kann [SDBS11]. In solch einem Fall beträgt die Anzahl der nötigen Messungen einige Hundert, was zu minimalen zeitlichen Granularitäten im Bereich von nur einigen Minuten führen kann.

Allerdings schreibt uns ein weiterer Aspekt die zeitliche Granularität der

---

[14]In unserer Anwendung würden wir zwei Messungen als unkorreliert betrachten können, wenn sie entweder von unterschiedlichen Nutzern stammen oder wenn sich der Pfadverlust eines Nutzers zwischen zwei Messungen wesentlich verändert hat.

vorgeschlagenen Algorithmen vor. Um eine adäquate Leistung der Algorithmen sicherzustellen muss das Netz zumindest für einige Iterationen stationär sein (zumindest über den Zeitraum, in welchen der Algorithmus DLUL-CD nach einer besseren Einstellung der Neigung für einen Sektor sucht, was durchschnittlich 5 bis 6 Iterationen dauert; siehe Pseudocode 2). Da sich jedoch der Datenbedarf im Netz im Laufe des Tages innerhalb von Stunden stark ändern kann, müssen wir es vermeiden eine zeitliche Granularität in der selben Größenordnung zu wählen. Die beste Wahl für die zeitliche Granularität hängt somit von der minimal möglichen Granularität ab, welche wir oben abgeschätzt haben. Ist die minimal mögliche zeitliche Granularität deutlich geringer als die zeitliche Granularität der Dynamiken, welche das SON kompensieren soll, so ist es möglich die minimale zeitliche Granularität im Algorithmus zu verwenden. Wäre die minimale zeitliche Granularität beispielsweise im Bereich weniger Minuten, so könnte der Algorithmus den täglichen Änderungen im Netz folgen, wenn wir annehmen, dass dessen Dynamiken im Bereich von $1\,h$ liegen. Ist die minimal mögliche zeitliche Granularität allerdings im Bereich von $1\,h$ oder größer, so sind wir dazu gezwungen eine höhere zeitliche Granularität zu wählen. Der Grund dafür ist, dass die zeitliche Granularität des Algorithmus und die Dynamiken des Netzes in der gleichen zeitlichen Größenordnung stattfinden würden. Um jedoch das Netz über einige Iterationen hinweg als konstant betrachten zu können, muss die zeitliche Granularität des Algorithmus angehoben werden. Zum Beispiel könnte eine Zeitdauer von einem Tag gewählt werden, wenn wir annehmen, dass das Netz zwischen zwei Tagen etwa stationär ist (z.B. ist Dienstag wie Mittwoch). In diesem Falle würde der Algorithmus das Netz z.B. an die langfristigen Dynamiken der Nutzerverteilung und die Veränderung der Ausbreitungsbedingungen durch z.B. Bebauung anpassen können.

4.5.2 SON Architektur

Die vorgeschlagenen Algorithmen können in einer verteilten als auch zentralisierten Architektur realisiert werden. Im ersteren Fall wäre jede BSs mit einer SON Funktionalität ausgestattet und die BSs würden das sog. X2 Interface [3GP15b] verwenden, um die nötigen Informationen untereinander auszutauschen und um Pseudocode 1 und 2 oder 3 zu realisieren. Im zentralisierten Fall gibt es nur eine SON Funktionalität im Netzwerkmanagement. Zur Kommunikation würden die BSs das Interface Süd und Nord verwenden.

Hauptvorteil einer verteilten gegenüber einer zentralisierten Architektur ist, dass ersteres in kürzeren Zeitskalen betrieben werden kann als letzteres, da die Kommunikation über das vom verteilten System verwendete X2 Interface stattfinden kann, welches zwei BSs direkt miteinander verbindet [sG12]. Da die zeitliche Granularität unserer Algorithmen wie oben beschrieben stark unterschiedlich sein kann, können wir keine allgemeine Empfehlung für die Architektur geben. Liegt die zeitliche Granularität des Algorithmus in der Größenordnung von Stunden oder Tagen, so ist eine zentralisierte Architektur von Vorteil. Grund ist, dass ein zentralisiert arbeitendes SON mehr Informationen sammeln kann und somit das Netz besser optimieren kann und dass herstellerübergreifende SON Funktionalitäten oder solche von Drittanbietern einfacher integriert werden können, da die Funktionalität auf Ebene des Netzwerkmanagements hinzugefügt werden kann und nicht auf Ebene der BSs [sG12]. Nichtsdestotrotz kann eine verteilte Architektur die favorisierte Lösung sein, wenn wir sehr stark besiedelte Netze mit hohen Zelllasten bedenken, in welchen die Algorithmen eine zeitliche Granularität im Bereich von Minuten haben können.

Wir können schlussfolgern, dass die Architektur des SONs unter Berücksichtigung der gewählten zeitlichen Granularität bestimmt werden sollte. Liegt die zeitliche Granularität des Algorithmus in der Größenordnung einer Stunde oder darüber, so sollte aufgrund der oben dargelegten Vorteile eine zentralisierte Architektur verwendet. Da ein zentralisiertes SON aufgrund der langsamen Kommunikation über das Netzwerkmanagement zeitliche Granularitäten im Bereich unter $15\,\text{min}$ nicht realisieren kann, sollte eine verteilte Architektur verwendet werden, falls die zeitliche Granularität des Algorithmus im Bereich von $15\,\text{min}$ liegt oder sogar noch kleiner ist.

4.5.3 Nötige Messungen

Um die zellbezogenen und clusterbezogenen Kosten Φ_s und Φ_C ermitteln zu können, muss jeder Sektor die nötigen Statistiken für die Bestimmung der Netzabdeckung und des Perzentils erstellen. Die nötigen Statistiken für die Netzabdeckung sind die Anzahl der im DL und UL zum Netz bzw. zum Sektor verbundenen und nicht verbundenen Nutzer ($\check{N}_{\mathcal{R}_s}^{\text{cov}}$, $\check{N}_{\mathcal{R}_s}^{\text{uncov}}$, $\hat{N}_{\mathcal{R}_s}^{\text{cov}}$, $\hat{N}_{\mathcal{R}_s}^{\text{uncov}}$). Für die Bestimmung des Perzentils werden die Menge aller DL und aller UL Datendurchsätze der Nutzer ($f_{\mathcal{R}_s}(\check{r})$ und $f_{\mathcal{R}_s}(\hat{r})$ sind die zugehörigen CDFs) benötigt.

In unserem Systemmodel definieren wir einen Nutzer als zum Netz verbunden, wenn eine gewisse minimale Empfangsleistung erreicht ist. Somit ist es für uns leicht in der Simulation die Anzahl der verbunden und nicht verbunden Nutzer zu berechnen. In der Praxis ist dies jedoch sehr schwierig. Die Anzahl der im UL verbundenen Nutzer $\hat{N}_{\bar{\mathcal{R}}_s}^{\text{cov}}$ können wir bestimmen, indem die Anzahl der unterschiedlichen Nutzer-IDs, welche eine erfolgreiche Rufauslösung durchführen könnten, zählen. Die Anzahl der Nutzer, welche von einem Problem in der UL Netzabdeckung betroffen sind, d.h. $\hat{N}_{\bar{\mathcal{R}}_s}^{\text{uncov}}$, können wir abschätzen, indem wir die Anzahl der an der BS detektierten Verbindungsausfälle (engl. radio link failures) und die Anzahl der zu dieser BS gesendeten after-failure reports, welche eine erfolgreiche DL Verbindung jedoch eine fehlgeschlagene UL Verbindung berichten, zählen. Die Anzahl der Nutzer $\check{N}_{\bar{\mathcal{R}}_s}^{\text{uncov}}$, welche im DL nicht verbunden sind, können wir abschätzen, indem wir die after-failure reports zählen, welche keine DL Verbindung erkennen lassen. Die verbleibende Statistik ist die der im DL verbundenen Nutzer $\check{N}_{\bar{\mathcal{R}}_s}^{\text{cov}}$. Da wir wissen, dass

$$N_{\bar{\mathcal{R}}_s} = \check{N}_{\bar{\mathcal{R}}_s}^{\text{cov}} + \check{N}_{\bar{\mathcal{R}}_s}^{\text{uncov}}$$
$$N_{\bar{\mathcal{R}}_s} = \hat{N}_{\bar{\mathcal{R}}_s}^{\text{cov}} + \hat{N}_{\bar{\mathcal{R}}_s}^{\text{uncov}}$$

(4.13)

können wir diese Größe über die Gleichung

$$\check{N}_{\bar{\mathcal{R}}_s}^{\text{cov}} = \hat{N}_{\bar{\mathcal{R}}_s}^{\text{cov}} + \hat{N}_{\bar{\mathcal{R}}_s}^{\text{uncov}} - \check{N}_{\bar{\mathcal{R}}_s}^{\text{uncov}}.$$

(4.14)

bestimmen. In Gleichung 4.13 bezeichnet $N_{\bar{\mathcal{R}}_s}$ die Anzahl der Nutzer, welche sich im Territorium von Sektor s befinden.

Die DL und UL CDFs des Datendurchsatzes können wir erhalten, indem wir die durchschnittlichen DL und UL Datendurchsätze der Nutzer sammeln. Um die CDF des Datendurchsatzes bezüglich einer Fläche, welche mehrere Zellen umfasst (z.B. für den Cluster $\mathcal{C}$), zu erstellen, müssen wir die Menge aller in diesen Zellen gesammelten Datendurchsätze verwenden. Gilt es das Volumen der übertragenen Daten auf den Interfaces zu begrenzen, so kann die Menge aller gesammelten Datendurchsätze für jeden Sektor als Histogramm gespeichert bzw. versendet werden. Indem wir die Histogramme aller betrachteten Zellen aufsummieren, erhalten wir das Histogramm der gemeinsamen Fläche und können daraus die zugehörige CDF erstellen.

4.5.4 Mehraufwand im Datenaustausch

Der Mehraufwand im Datenaustausch, welcher durch die Algorithmen DLUL-CD oder DLUL-SA verursacht wird, hängt von der Wahl der SON Architektur ab. Da das Senden zusätzlicher Daten für das Interface Nord und Süd typischerweise unproblematisch ist, jedoch für das X2 Interface kritisch sein kann, beschränken wir uns in diesem Abschnitt auf eine verteilte SON Architektur. Die Algorithmen erfordern es, dass jede BS die Anzahl der im DL und UL verbundenen und nicht verbunden Nutzer sowie die Histogramme des DL und UL Datendurchsatzes seiner Sektoren kommuniziert. Wie wir allerdings im Folgenden zeigen, ist dieser Mehraufwand im Datenaustausch nicht signifikant. Die Informationen für die Netzabdeckung sind nur vier Zahlen, bei welchen wir davon ausgehen, dass sie auf 8 bits abgebildet werden können. Da wird nur am 5. Perzentil des Datendurchsatzes interessiert sind, braucht jedes Datendurchsatzhistogramm nur im Bereich von 0 kbps bis 10 Mbps definiert sein und eine Bin-Größe von 1 kbps haben[15]. Damit hätte jedes Datendurchsatzhistogramm 10^4 Bins. Nehmen wir wieder an, dass jeder Bin 8 bits benötigt, so erfordert ein Histogramm 80 kbits. Somit können wir den gesamten Datenbedarf einer dreifachsektorisierten BS, welcher pro Iteration übermittelt werden muss, zu

$$3 \cdot (2 \cdot 80000 \, \text{bits} + 4 \cdot 8 \, \text{bits}) = 480096 \, \text{bits} \approx 480 \, \text{kbits} \qquad (4.15)$$

abschätzen. Gehen wir von einem voll vermaschten X2 Interface, 100 dreifachsektorisierten BSs und einer zeitlichen Granularität von einem Tag aus, so können wir den Mehraufwand im Datenaustausch zu

$$\frac{480 \, \text{kbits} \cdot 100 \cdot 99}{60 \, \text{s} \cdot 60 \cdot 24} = 55 \, \frac{\text{kbits}}{\text{s}} \qquad (4.16)$$

abschätzen. Wir möchten darauf aufmerksam machen, dass zusätzliche Kommunikation für (i) die Erstellung des Clusters $\mathcal{C}$, (ii) für die Aufforderung nach neuen Messdaten und (iii) für die Organisation der CD Methode oder der SA Methode notwendig ist. Allerdings haben diese Nachrichten eine Größe von nur einigen bits (da sie keine Messdaten enthalten) und sind somit ein vertretbarer Aufwand.

---

[15]Für ein LTE System ist es sehr unwahrscheinlich, dass das 5. Perzentil des Datendurchsatzes über 10 Mbps liegt. Daher muss das Datendurchsatzhistogramm nur in diesem Bereich definiert sein.

4.5.5 Erstellung des Clusters $\mathcal{C}$

In Zeile 4 von Pseudocode 1 muss der Cluster $\mathcal{C}$ erstellt werden. Damit der initiierende Sektor dies durchführen kann, müssen ihm seine Nachbarn erster und zweiter Stufe bekannt sein. Dieses Wissen kann von (i) Zellnachbarschaftslisten, (ii) Informationen über die Standorte und Abstrahlrichtungen der Sektoren, und/oder (iii) vordefiniert des Nachbarschaftsbeziehungen abgeleitet werden.

4.6 Wesentliche Beiträge Jenseits des Stands der Technik

Die wesentlichen Beiträge jenseits des Stands der Technik, welche wir in diesem Kapitel präsentieren, sind die Folgenden:

- Die zur neigungsbasierten SND vorgesehenen Algorithmen DL-CD, UL-CD, DLUL-CD und DLUL-SA operieren im Gegensatz zum überwiegenden Teil des Stands der Technik online. Dadurch haben die Algorithmen im Vergleich zu offline Ansätzen geringere technische und finanzielle Voraussetzungen, da u.a. die Lokalitäten der Nutzer als auch deren Empfangsleistungen für die verschiedenen Neigungen der BSs nicht bekannt sein müssen. Zudem ist die Selbstorganisation robuster, da sie nicht von der Richtigkeit eines Systemmodells abhängig ist.
- Die Algorithmen DLUL-CD und DLUL-SA betrachten die DL und UL Übertragung simultan. Diese Vorgehensweise ist der alleinigen Betrachtung der DL Übertragungsstrecke (so wie es bisherige Ansätze ausschließlich tun) überlegen, da so ebenfalls eine adäquate UL Leistung erzielt wird. Bisherige Veröffentlichungen bedenken ausschließlich den DL.
- Im Vergleich zu existierenden Arbeiten im Feld der online neigungsbasierten SND erörtert diese Arbeit erstmals klar die Aspekte der benötigten Zeitdauer für die Selbstorganisation, die Anwendbarkeit als online SON, mögliche Architekturen sowie nötige Messungen.
- Erstmalig wird ein direkter Vergleich zwischen offline und online SON Lösungen durchgeführt. Angesichts der in diesem Kapitel präsentierten

Leistungen für die LKZs Datendurchsatz (der Algorithmus DLUL-SA erreicht 87 % (DL) und 54 % (UL) der Leistung eines offline Algorithmus nach dem Stand der Technik) und Netzabdeckung sowie in Anbetracht der hohen Praxisanwendbarkeit der online SONs, können wir schlussfolgern, dass online SON Lösungen im Feld der neigungsbasierten SND eine adäquate Alternative zu offline SONs darstellen.

Berücksichtigung des Dynamikbereichs der Uplink Empfangsleistungen

5

Ein Hauptmerkmal des LTE Systems ist die UL Sendeleistungsreglung (SLR), welche aus einer offenen und einer geschlossenen Regelschleife besteht [3GP14a]. Da Aufgrund der Verwendung des Einzelträger-Frequenzmultiplexverfahrens SC-FDMA (engl. single carrier frequency-division multiple access) Interferenz zwischen Nutzern einer Zelle im LTE UL theoretisch nicht vorhanden ist, sind das Garantieren einer minimalen UL SINR und das Kontrollieren der Interferenz zwischen den Zellen die Hauptziele der offenen Regelschleife der SLR. Dabei werden die Langzeitveränderungen (Pfadverlust und Abschattung) des Kanals kompensiert[1]. Allerdings muss die offene Regelschleife der LTE UL SLR trotz der Verwendung des SC-FDMA das Nah-Fern-Problem adressieren. Dieses Problem kann wie folgt erklärt werden. Werden die Signale zweier Nutzer an der BS mit stark unterschiedlichen Empfangsleistungen empfangen, so kann es passieren, dass das schwache Signal durch das starke Signal aufgrund der limitierten Quantisierungsauflösung des Analog-Digital-Wandlers (AD-Wandlers) der BS übertönt wird [Sma12]. Da der Unterschied im Pfadverlust zwischen zwei Nutzern einer Zelle leicht im Bereich von 60 dB sein kann, muss die UL SLR ebenfalls den Dynamikbereich der UL Empfangsleistungen (im Folgenden kurz UL Dynamikbereich), welcher in [BR11] als der Unterschied zwischen dem 5. und dem 95. Perzentil der Empfangsleistungsverteilung an einer BS definiert ist (in dB), limitieren.

Die Neigungsänderungen, der im vorherigen Kapitel vorgeschlagenen Algorithmen, können die Größe und Form der Zellen mitunter stark verändern, was eine stark veränderte Empfangsleistungsverteilung an den BSs zur Folge haben kann. Dies wiederum kann den UL Dynamikbereich stark vergrößern,

---

[1]Die SLR folgt nicht dem schellen Fading des Kanals. Eine Anpassung der Übertragung an das schnelle Fading wird in LTE mittels adaptiver Modulation und Kodierung als auch mittels automatischer Wiederholungen (engl. hybrid automatic repeat request) realisiert.

was, aufgrund der oben genannten Begründung, zu einer wesentlichen Verschlechterung der Servicequalität für die Nutzer am Zellrand führen kann. Daher untersuchen wir in diesem Kapitel wie die Parameter $P_{0,s}$ und α_s ($P_{0,X(u)}$ und $\alpha_{X(u)}$ sind sektorspezifische Parameter der Sendeleistungskontrolle nach [3GP14a], siehe Kapitel 4.1.2 für Details) der offenen Regelschleife der LTE UL SLR bei gegebener Empfangsleistungsverteilung gewählt werden müssen, damit der UL Dynamikbereich unter einen gewissen Maximum bleibt. Mittels der gewonnen Erkenntnisse erweitern wir die zuvor vorgeschlagenen Algorithmen zur Neigungsadaption um die Fähigkeit der Adaption der Parameter der UL SLR. Somit können die Algorithmen sicher stellen, dass trotz der veränderten Zellformen der UL Dynamikbereich in jeder Zelle nach oben beschränkt ist.

Dabei gehen wir wie folgt vor. Zunächst erörtern wir den Einfluss des UL Dynamikbereichs auf die Leistung des Empfängers in Abschnitt 5.1. In Abschnitt 5.2 leiten wir eine geschlossene Lösung des UL Dynamikbereichs als Funktion der LTE UL SLR Parameter $P_{0,s}$ und α_s her. Daraufhin zeigen wir, dass die Bedingungen, dass der UL Dynamikbereich nach oben und die UL Empfangsleistung nach unten beschränkt sein sollen, nur in einem geschlossenen Bereich für die Parameter $P_{0,s}$ und α_s erfüllt werden können. Basierend auf diesen Erkenntnissen, schlagen wir in Abschnitt 5.4 Erweiterungen zu dem bisher präsentierten Algorithmus DLUL-CD vor, welche die UL SLR Parameter $P_{0,s}$ und α_s adaptieren, und untersuchen die Leistung dieses neuen Algorithmus' in Abschnitt 5.5. Außerdem fassen wir die wesentlichen Beiträge jenseits des Stands der Technik in Abschnitt 5.6 zusammen.

Wir möchten darauf hinweisen, dass wir große Teile der im Folgenden präsentierten Forschung bereits in [Ber+14b] und [Ber+14c] veröffentlicht haben.

5.1 Einfluss des Uplink Dynamikbereichs auf die Leistung des Empfängers

Ausgehend von der Definition des UL Dynamikbereichs von Bulakci et al. [BR11] formulieren wir den UL Dynamikbereich eines Sektors s als

$$D_s = Q^5(\hat{\mathcal{P}}_{\text{rx},s}) - Q^{95}(\hat{\mathcal{P}}_{\text{rx},s}), \qquad (5.1)$$

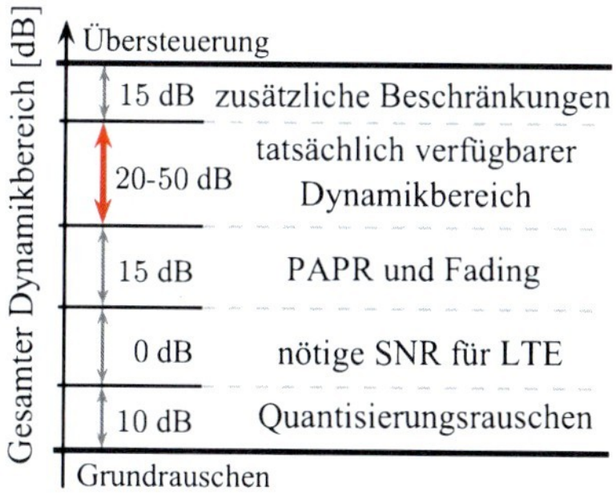

Abb. 5.1. Exemplarisches Link-Budget eines AD-Wandlers.

wobei Q^x und $\hat{\mathcal{P}}_{\text{rx},s}$ das x-te Perzentil einer geordneten Menge und die geordnete Menge aller gemessenen Empfangsleistungen am Sektor s auf der gesamten Bandbreite in dB sind. Wir ordnen die Menge $\hat{\mathcal{P}}_{\text{rx},s}$ so, dass $Q^0(\cdot)$ die größte Empfangsleistung adressiert und $Q^{100}(\cdot)$ die kleinste gemessene Empfangsleistung ergibt. Um extreme Ausreißer auszuschließen wird der UL Dynamikbereich durch die Differenz aus dem 5. und 95. Perzentil, anstelle durch die Differenz aus Maximum und Minimum, definiert.

Das analoge Front-end des Empfängers (alle Bauteile von der Antenne bis zum AD-Wandler) ist in der Lage das gewünschte Band zu wählen während Interferenzen von außerhalb dieses Bandes gedämpft werden, es in eine niedrigere Zwischenfrequenz oder das Basisband zu verschieben und die Amplitude des Signals den Anforderungen des AD-Wandlers anzupassen (automatische Verstärkungsregelung, engl. automatic gain control). Da die Signalverarbeitungsschritte, welche vor dem AD-Wandler stattfinden, den UL Dynamikbereich nicht verkleinern, muss das empfangene Signal den Anforderungen des AD-Wandlers entsprechen. Ist der UL Dynamikbereich zu groß, so ist es nicht möglich das Eingangssignal des AD-Wandlers so anzupassen, dass auch das schwächste Signal verarbeitet werden kann. Daher ist es bei der Wahl der Parameter der UL SLR wichtig, die daraus folgenden UL Dynamikbereiche zu bedenken.

Der maximale Unterschied zwischen den Empfangsleistungen zweier Signale in dB, welches der AD-Wandler gerade noch gleichzeitig prozessieren kann, nennen wir Dynamikumfang (DU). Den DU eines AD-Wandlers können wir via [Ree02]

$$D_{\text{ADW}} = 6,02b + 4,77 \; [\text{dB}] \tag{5.2}$$

bestimmen, wobei b die effektive Anzahl von Bits (ENOB, engl. effective number of bits) ist. In heutigen LTE Systemen beträgt die ENOB des AD-Wandlers einer BSs typischerweise 11 bits bis 14 bits. Die ENOB ergibt sich durch den Abzug einer Sicherheitsspanne von ca. 2 bits [Ree02] von der eigentlichen Anzahl der Bits. Allerdings entspricht der DU von Gleichung (5.2) nicht dem in der Praxis tatsächlich möglichen maximalen Unterschied zweier Empfangsleistungen, da einige Effekte, welche wir im Folgenden genauer benennen, D_{ADW} verkleinern. Um den tatsächlich verfügbaren DU des AD-Wandlers in der Praxis zu bestimmen, muss das Link-Budget des AD-Wandlers bedacht werden. Bei einer ENOB von 11 bits bis 14 bits ergibt sich zunächst $D_{ADC} \approx 70 \ldots 90\,\mathrm{dB}$. Ein exemplarisches Link-Budget ist in Abbildung 5.1 präsentiert und enthält Beiträge für [Ber+14b]:

- das Quantisierungsrauschen (10 dB),
- die benötigte Signal-zu-Rauschen-Rate (SNR, engl. Signal-to-noise-ratio) (0 dB, abhängig von Modulations- und Kodierungsverfahren),
- das Verhältnis von Spitzenleistung zu der mittleren Leistung eines Signals (PAPR, engl. Peak-to-average power ratio) und schnelles Fading (15 dB),
- zusätzliche Einschränkungen durch das analoge Front-end, nicht-ideale Komponenten und verbleibende Interferenz (15 ... 25 dB [2]).

Subtrahieren wir all diese Effekte vom gesamten DU D_{ADC}, so erhalten wir den tatsächlich verfügbaren DU von Signalen, welche simultan vom Empfänger prozessiert werden können. Um eine schlechte Servicequalität der Nutzer am Zellrand zu vermeiden, muss sichergestellt werden, dass der UL Dynamikbereich nicht den tatsächlich verfügbaren DU übersteigt.

Wir möchten darauf hinweisen, dass der tatsächlich verfügbare DU von der genauen Implementierung des analogen Front-ends des Empfängers abhängt und daher nur exemplarisch abgeschätzt werden kann. Auf Grundlage dieser Abschätzung erwarten wir, dass der tatsächlich verfügbare DU bei LTE BSs im Bereich von 20 ... 50 dB liegt. Da wir uns in dieser Arbeit auf simultane DL und UL SND fokussieren, möchten wir nur am Rande erwähnen, dass wir den Einfluss des UL Dynamikbereichs auf die Leistung des Empfängers in einem LTE-ähnlichen Messaufbau auch experimentell untersucht haben [Ber+14c]. Der oben beschriebene Effekt als auch die Abschätzung des AD-Wandler Link-Budget konnten in diesen Messungen bestätigt werden.

---

[2]Abbildung 5.1 zeigt den unteren Wert des angegebenen Bereiches.

5.2 Herleitung einer Lösung für den Uplink Dynamikbereich

Um die Parameter $P_{0,s}$ und α_s der UL SLR so einstellen zu können, dass der UL Dynamikbereich am Sektor s nicht den tatsächlich verfügbaren DU überschreitet, ist es nötig den Zusammenhang zwischen den Parametern und dem UL Dynamikbereich des Sektors zu kennen. Ein solcher Zusammenhang wird in diesem Abschnitt hergeleitet. Da wir uns dabei stets auf einen Sektor s beziehen, lassen wir im Folgenden das tiefgestellte s für die Nummerierung des Sektors und die Bezeichnung des Ortes u der Einfachheit halber weg.

Wir möchten darauf hinweisen, dass die offene Regelschleife in der LTE UL SLR langsam[3] arbeitet. Da die SLR also nicht dem schnellen Fading folgt, ist es auch nicht nötig das schnelle Fading für die Wahl der Parameter P_0 und α zu bedenken. Allerdings werden wir sehen, dass der UL Dynamikbereich auch von den Entscheidungen des Schedulers abhängt, welcher wiederum auf ms-basis arbeitet und das schnelle Fading bedenkt. Aufgrund dieses Gegensatzes werden wir in der folgenden Herleitung ebenfalls die zeitlichen Größenordnungen diskutieren.

5.2.1 Allgemeine Herleitung

Setzen wir die Definition der UL Sendeleistung aus Gleichung (4.7) (mit $\Delta_{\text{mcs}} = 0$) in den Zusammenhang $\hat{P}_{\text{rx}} = \hat{P}_{\text{tx}} - L$ ein, so erhalten wir

$$\hat{P}_{\text{rx}} = \min\{P_{\max}, P_0 + \alpha L + 10 \log_{10} M\} - L. \tag{5.3}$$

Um den UL Dynamikbereich eines Sektors bestimmen zu können, benötigen wir das 5. und 95. Perzentil der Empfangsleistungsverteilungen an diesem Sektor (siehe Gleichung (5.1)). Dafür nehmen wir an, dass jeder Sektor für jede Übertragung den Pfadverlust und die dazugehörige Bandbreite der Übertragung in PRBs misst. Mittels Gleichung (5.3) können wir für das 95. Perzentil somit als

$$Q^{95}(\hat{\mathcal{P}}_{\text{rx}}) = Q^{95}\left(\min\{P_{\max}, P_0 + \alpha\mathcal{L} + 10 \log_{10} \mathcal{M}\} - \mathcal{L}\right) \tag{5.4}$$

---

[3]Mit langsam meinen wir, dass die zeitliche Granularität der offenen Regelschleife der LTE UL SLR länger ist als die Änderungen des schnellen Fadings.

schreiben. In der obigen Gleichung bezeichnen wir mit $\mathcal{L}$ und $\mathcal{M}$ die geordneten Mengen der am Sektor gemessenen Pfadverluste und zugehörigen PRBs, welche mittels der oben erwähnten Messungen erstellt werden. Die Menge $\mathcal{L}$ ist so geordnet, dass $Q^0(\cdot)$ die kleinsten und $Q^{100}(\cdot)$ die größten Pfadverluste adressiert. Zu beachten ist, dass $\mathcal{M}$ vom gewählten Scheduler, und damit unter Umständen auch von L, abhängt. Daher wird die Menge $\mathcal{M}$ so geordnet, dass sie mit der Anzahl an PRBs beginnt, welche zum kleinsten Pfadverlust L gehört und mit der Anzahl an PRBs endet, welche zur Messung mit dem größten Pfadverlust gehört. Wie wir im Abschnitt A.1 des Anhangs im Detail präsentieren, kann die Gleichung (5.4) durch einen Übergang zur min-plus Algebra, Umformung und anschließende Rücktransformation in die konventionelle Algebra zu

$$Q^{95}(\hat{\mathcal{P}}_{\mathrm{rx}}) = \min\{P_{\max}, P_0 + \alpha Q^{95}(\mathcal{L}) + 10\,\log_{10} Q^{95}(\mathcal{M})\} - Q^{95}(\mathcal{L}) \quad (5.5)$$

umgeformt werden. Der Einfachheit halber definieren wir $L_{\max} = Q^{95}(\mathcal{L})$. Somit erhalten wir

$$Q^{95}(\hat{\mathcal{P}}_{\mathrm{rx}}) = \min\{P_{\max}, P_0 + \alpha L_{\max} + 10\,\log_{10} Q^{95}(\mathcal{M})\} - L_{\max}. \quad (5.6)$$

Auf gleiche Weise können wir das 5. Perzentil der Empfangsleistungen bestimmen, welches sich damit zu

$$Q^{5}(\hat{\mathcal{P}}_{\mathrm{rx}}) = \min\{P_{\max}, P_0 + \alpha L_{\min} + 10\,\log_{10} Q^{5}(\mathcal{M})\} - L_{\min} \quad (5.7)$$

ergibt, wobei $L_{\min} = Q^{5}(\mathcal{L})$ gilt. Setzen wir diese Ergebnisse für das 5. und 95. Perzentil in Gleichung (5.1) ein, so erhalten wir

$$\begin{aligned} D = {}& \min\{P_{\max}, P_0 + \alpha L_{\min} + 10\,\log_{10} Q^{5}(\mathcal{M})\} - L_{\min} \\ & - \min\{P_{\max}, P_0 + \alpha L_{\max} + 10\,\log_{10} Q^{95}(\mathcal{M})\} + L_{\max}. \quad (5.8) \end{aligned}$$

Dieses Ergebnis ist nun durch die Terme $10\,Q^{5}(\log_{10}\mathcal{M})$ und $10\,Q^{95}(\log_{10}\mathcal{M})$ vom gewählten Scheduler abhängig. Im Folgenden formen wir dieses Zwischenergebnis für einen ressourcenfairen und einen modifizierten ressourcenfairen Scheduler weiter um.

5.2.2 Für einen Ressourcenfairen Scheduler

Wie bereits in Abschnitt 4.1.1 erwähnt teilt ein ressourcenfairer Scheduler die verfügbare Bandbreite fair unter allen Nutzern auf. Da der Scheduler jedoch nur einzelne PRBs verteilen kann, ist es nicht immer möglich, dass die Ressourcen in jedem Zeitintervall fair verteilt sind. Unter der Annahme, dass der Scheduler diese genaugenommenen „nicht-ressourcenfairen" Zuteilungen, welche auf der Zeitebene einzelner Subframes (1 ms) von statten gehen [3GP15a], über mehrere ms ausgleicht, erhält jeder Nutzer einer Zelle im Durchschnitt (über mehrere ms) $\frac{W}{N}$ PRBs, wobei W und N die Anzahl der verfügbaren PRBs und die mittlere Anzahl der Nutzer in der Zelle sind. Somit haben alle Einträge der Menge $\mathcal{M}$ den Wert $\frac{W}{N}$ und wir können die verbleibenden, vom Scheduler abhängigen Terme bestimmen. Es ergibt sich der über mehrere ms gemittelte UL Dynamikbereich für dem ressourcenfairen Scheduler zu

$$
D = \min\{P_{\max}, \overbrace{P_0 + \alpha L_{\min} + 10\log_{10}\frac{W}{N}}^{P_{L_{\min}}}\} - L_{\min}
$$
$$
- \min\{P_{\max}, \underbrace{P_0 + \alpha L_{\max} + 10\log_{10}\frac{W}{N}}_{P_{L_{\max}}}\} + L_{\max}. \quad (5.9)
$$

Wir können Gleichung (5.9) weiter vereinfachen, wenn wir es als stückweise definierte Funktion wie folgt schreiben

$$
D = \begin{cases} \Delta L - \alpha\Delta L & \text{, falls } P_{L_{\max}} \leq P_{\max} \\ P_0 - P_{\max} + \Delta L + \alpha L_{\min} + 10\log_{10}\frac{W}{N} & \text{, falls } P_{L_{\max}} > P_{\max} \\ & \quad \wedge P_{L_{\min}} \leq P_{\max} \\ \Delta L & \text{, falls } P_{L_{\min}} > P_{\max}, \end{cases} \quad (5.10)
$$

wobei $\Delta L = L_{\max} - L_{\min}$. Die Gleichung (5.10) besteht nur aus drei Abschnitten, da $L_{\max} \geq L_{\min}$ und damit $P_{L_{\max}} \geq P_{L_{\min}}$ immer gilt. Zu bemerken ist, dass die Abhängigkeit des UL Dynamikbereichs von den Parametern P_0 und α je nach Situation sehr unterschiedlich sein kann.

Nachteil des ressourcenfairen Schedulers ist, dass dieser nicht bedenkt, dass ein Nutzer durch eine zu große Bandbreite in die Leistungsbegrenzung gefahren werden kann (siehe Abschnitt 4.1.2). Erhält ein Nutzer mehr als $M_{\max}$ PRBs, so muss dieser Nutzer die Sendeleistung pro PRB verringern, was die

SINR des Nutzers verschlechtert. Somit werden die Ressourcen nicht optimal genutzt. Dieser Nachteil versucht der modifizierte ressourcenfaire Scheduler zu beheben.

5.2.3 Für einen Modifizierten Ressourcenfairen Scheduler

Wir gehen von den modifizierten ressourcenfairen Scheduler von [VLS10] aus, dessen Arbeitsweise wir im Folgenden darstellen. Wir definieren die Indizes $u_1, u_2, \ldots, u_N$, so dass sie jeden Nutzer, der zum betrachteten Sektor verbunden ist, in ansteigender Ordnung bezüglich ihrer maximal möglichen Bandbreite M_{max} (siehe Gleichung (4.8)) adressieren. Das heißt, u_1 adressiert den schlechtesten Nutzer, u_2 den zweitschlechtesten Nutzer und so weiter. Der Scheduler wendet für jeden Sektor den Algorithmus, welcher in Pseudocode 4 präsentiert ist, an, wobei M_{total} die maximal verfügbare Anzahl an PRBs ist. Der Scheduler überprüft in jeder Iteration ob das verbleibende

---

Pseudocode 4 Modifiziert Ressourcenfairer Scheduler

Eingabe: $l = 1$, $\tilde{M} = M_{\text{total}}$, N, $u_1, u_2, \ldots, u_N$
1: **falls** $\tilde{M}/{N-l+1} > M_{\text{max}}(u_l)$ **dann**
2:    $M(u_l) = M_{\text{max}}(u_l)$
3:    $\tilde{M} = \tilde{M} - M(u_l)$
4: **falls nicht**
5:    $M(\nu) = \tilde{M}/{N-l+1} \; \forall \nu = u_l, u_{l+1}, \ldots, u_N$
6: **ende falls**
7: $l = l + 1$, gehe zu Zeile 1

Ressourcenbudget $\tilde{M}$ ressourcenfair unter den verbleibenden $N - l + 1$ Nutzern (l ist ein Iterationsindex) so verteilt werden kann, dass der schlechteste verbleibende Nutzer nicht in die Leistungsbegrenzung gefahren wird. Ist dies der Fall, so wird das verbleibende Ressourcenbudget ressourcenfair unter allen verbleibenden Nutzern aufgeteilt; ist dies nicht der Fall, so erhält der schlechteste Nutzer $M_{\text{max}}(u_l)$ PRBs und das verbleibende Ressourcenbudget wird in der folgenden Iteration aufgeteilt.

Da dieser Scheduler verhältnismäßig komplex ist, konnten wir keine exakte Lösung für den UL Dynamikbereich finden. Um eine obere Schranke für den UL Dynamikbereich zu erhalten, gehen wir wie folgt vor. Der UL Dynamikbereich ist einfach gesagt der Unterschied zwischen den starken und schwachen Empfangsleistungen an einem Sektor (siehe Gleichung (5.1)).

Der UL Dynamikbereich vergrößert sich, wenn wir die Bandbreite der Signale mit starken Empfangsleistungen vergrößern und / oder die Bandbreite der Signale mit schwacher Empfangsleistung verringern. Somit können wir eine obere Schranke für den UL Dynamikbereich erhalten, indem wir bei den Signalen mit starker Empfangsleistung von der größtmöglichen Bandbreite ausgeben und bei den Signalen mit schwacher Empfangsleistung von der kleinstmöglichen Bandbreite ausgehen.

Zunächst adressieren wir die Signale mit großen Bandbreiten. Wenn sich nur ein Nutzer in der Zelle befindet, ist es gewiss, dass dieser im besten Falle die volle Bandbreite erhält. Ist mehr als ein Nutzer zur Zelle verbunden, so tritt der Extremfall ein, d.h. der Fall, bei welchem ein Nutzer den größten Teil der Bandbreite bekommt, wenn für alle Nutzer außer einen $M_{max} = 1$ gilt und der verbleibende Nutzer auf allen restlichen PRBs senden kann. Somit können wir die Anzahl der PRBs des Signals mit der größten Bandbreite, bezeichnet als M_{MRF}, wie folgt von oben beschränken:

$$M_{MRF} \leq \max\{W - (N - 1), 1\}. \tag{5.11}$$

Die Anzahl der PRBs des Signals mit der geringsten Bandbreite, bezeichnet als m_{MRF}, können wir wie folgt berechnen. Ist kein Nutzer leistungsbeschränkt, so erhalten alle Nutzer den ressourcenfairen Anteil $\frac{W}{N}$ (siehe Algorithmus 4). Sobald in der betrachteten Zelle mindestens ein Nutzer leistungsbeschränkt ist, ist die kleinste zugewiesene Bandbreite beschrieben durch $\min_u M_{max}(u)$. Somit können wir schlussfolgern, dass

$$m_{MRF} = \min\{\frac{W}{N}, \min_u M_{max}(u)\}. \tag{5.12}$$

Dementsprechend können wir den UL Dynamikbereich im Falle der Verwendung des modifizierten ressourcenfairen Schedulers wie folgt abschätzen:

$$D \leq \min\{P_{max}, P_0 + \alpha L_{min} + 10 \log_{10}(\max\{W - (N - 1), 1\})\} - L_{min}$$
$$- \min\{P_{max}, P_0 + \alpha L_{max} + 10 \log_{10}\left(\min\{\frac{W}{N}, \min_u M_{max}(u)\}\right)\} + L_{max}. \tag{5.13}$$

Im folgenden Abschnitt diskutieren wir auf Grundlage der hergeleiteten Lösungen für den UL Dynamikbereich mögliche Einstellungen der Parametern P_0 und α der SLR.

5.3 Operationsbereich für die Parameter der Uplink Sendeleistungsreglung

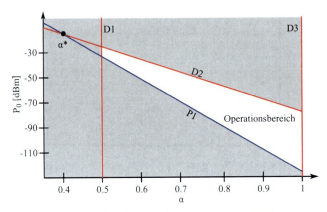

Abb. 5.2. Exemplarischer Operationsbereich eines beliebigen Sektors. Im Gegensatz zur Abbildung können die Parameter P_0 und α nicht kontinuierliche Werte annehmen [3GP14a].

Wie bereits motiviert sollte der UL Dynamikbereich nicht den tatsächlich verfügbaren DU der BS, d.h. $20\ldots50\,\mathrm{dB}$, überschreiten. Indem wir die oben hergeleiteten Lösungen für den UL Dynamikbereich (Gleichung (5.9) und (5.13)) dem maximal möglichen DU gleichsetzen, können wir mögliche Einstellungen der Parameter P_0 und α berechnen. Dies wollen wir im Folgenden qualitativ für eine fiktive Zelle durchführen. Da die vom Scheduler abhängigen Terme in den Lösungen für den UL Dynamikbereich nicht die Parameter P_0 und α enthalten, ist eine qualitative Betrachtung unabhängig von der Wahl des Schedulers[4]. Daher beziehen wir uns der Einfachheit halber für diese Auswertung auf Gleichung (5.10), welche für den ressourcenfairen Scheduler gilt.

Falls $P_{L_{max}} \leq P_{max}$ ist der UL Dynamikbereich unabhängig von P_0 und verkleinert sich, wenn α vergrößert wird. Daher muss ein minimales α existieren, ab welchem die Begrenzung des UL Dynamikbereichs unter dem DU möglich ist. In Abbildung 5.2 illustriert die Linie D1 diese untere Schranke für α, bezeichnet als α_{min} Wenn $P_{L_{max}} > P_{max}$ und $P_{L_{min}} \leq P_{max}$ können wir den UL Dynamikbereich verkleinern, indem wir P_0 und / oder α verkleinern, d.h. für jeden α-Wert gibt es einen maximalen P_0-Wert. Diese Beschränkung ist

---

[4]Die vom Scheduler abhängigen Terme verursachen nur einen konstanten Offset.

in Abbildung 5.2 durch Linie D2 symbolisiert. Gilt $P_{L_{min}} > P_{max}$, so ist der UL Dynamikbereich unabhängig von P_0 und α, da die Nutzer mit maximaler Leistung senden. Weiterhin kann α nicht größer als 1 sein [3GP14a], was die Grundlage für die Linie D3 ist.

Eine weitere LKZ, welche wir bedenken müssen, wenn wir die Parameter der LTE UL SLR wählen, ist die UL Netzabdeckung. Für einen beliebigen α-Wert können wir P_0 nicht beliebig klein wählen, da dies zu sehr geringen Sendeleistungen und damit zu einer schlechten UL Netzabdeckung führen kann. Gehen wir wie in Kapitel 4 von einer minimalen Empfangsleistung pro PRB (Empfangsleistungsdichte) aus, so können wir diese Beschränkung für jeden PRB beschreiben als

$$\min\{P_{max}, P_0 + \alpha L^*\} - L^* \geq \hat{P}_{rx,min}, \tag{5.14}$$

wobei L^* die maximale Signalabschwächung ist, welche der Operator noch kompensieren möchte. Zum Beispiel könnte man $L^* = P_{max} - \hat{P}_{rx,min}$ setzen, was bedeutet, dass wir versuchen alle Nutzer abzudecken, welche mit maximaler Sendeleistung gerade noch die BS erreichen würden. Setzen wir diese Definition für L^* in Gleichung (5.14) ein und formen diese um, so erhalten wir

$$P_{max} \leq P_0 + \alpha(P_{max} - \hat{P}_{rx,min}). \tag{5.15}$$

Von Gleichung (5.15) können wir lernen, dass $P_0 \geq \hat{P}_{rx,min}$, wenn $\alpha = 1$ und, dass P_0 erhöht werden muss, wenn α verkleinert wird, um die Netzabdeckungsbedingung zu erfüllen. In Abbildung 5.2 repräsentiert die Linie P1 qualitativ die Bedingung an die minimale UL Empfangsleistungsdichte. Wir möchten darauf hinweisen, dass die untere Schranke für P_0, welche in [3gp] hergeleitet wird, ähnlich zu unserer Bedingung ist. Allerdings bezieht sich die Beschränkung von [3gp] auf eine Ziel-SINR während wir eine minimale Empfangsleistung pro PRB als Bedingung setzen, um kongruent mit unserer Definition der Netzabdeckung (ein Nutzer ist zum Netz verbunden, sobald er eine minimale Empfangsleistung erreicht hat) zu sein.

Wie in Abbildung 5.2 zu sehen, ergibt sich ein geschlossener Bereich, in welchen wir P_0 und α wählen können, ohne die Bedingungen an den UL Dynamikbereich und UL Empfangsleistungsdichte zu verletzen. Diesen Bereich nennen wir Operationsbereich. Wir definieren $\mathcal{O}$ als die Menge aller (P_0, α)-tuples, welche im Operationsbereich liegen. Wir können den Punkt

α^* berechnen, bei welchen sich die Linien D2 und P1 schneiden. Wir formen Gleichung (5.15) wie folgt um

$$P_0 \geq P_{\mathrm{max}} - \alpha(P_{\mathrm{max}} - \hat{P}_{\mathrm{rx,min}}), \tag{5.16}$$

wobei das Gleichheitszeichen gilt, wenn wir die Linie P1 beschreiben wollen. Den Schnittpunkt der Linie P1 mit der Linie D2 erhalten wir, indem wir im zweiten Teilstück von Gleichung (5.10) P_0 mit der rechte Seite von Gleichung (5.16) ersetzen[5]. Es ergibt sich

$$\alpha^* = \frac{\Delta L - D}{P_{\mathrm{max}} - \hat{P}_{\mathrm{rx,min}} - L_{\mathrm{min}}}, \tag{5.17}$$

wobei wir für D den tatsächlich verfügbaren DU einsetzen müssen. Es ist klar, dass der Operationsbereich eines Sektors größer wird, wenn α^* kleiner wird. Daher können wir von Gleichung (5.17) ablesen, dass der Operationsbereich größer wird, wenn die Signalabschwächungen in der Zelle weniger streuen (kleineres ΔL), wenn der tatsächlich verfügbare DU größer wird oder wenn wir die maximale Sendeleistung P_{max} erhöhen. Ebenfalls wird ersichtlich, dass die SLR keinen vom Pfadverlust abhängigen Anteil benötigt (d.h. $\alpha = 0$ ist möglich), wenn der DU des AD-Wandlers mindestens so groß ist wie der Pfadverlustunterschied ΔL der Nutzer im Sektor. Schneiden sich die Linien D2 und P1 bei einem α-Wert größer als eins, d.h. wenn $\alpha^* > 1$, oder wenn $\alpha_{\mathrm{min}} > 1$ (von Linie D1) gilt, so ist $\mathcal{O}$ die leere Menge.

Wir möchten darauf hinweisen, dass für beide betrachteten Scheduler alle nötigen Größen zur Berechnung des Operationsbereiches am Sektor vorhanden sind. P_{max}, $\hat{P}_{\mathrm{rx,min}}$ und W sind Konstanten, welche in der BS gespeichert sein können, L_{min} und L_{max} werden über die gemessene Empfangsleistungsverteilung bzw. der Menge an Empfangsleistungen $\mathcal{L}$ ermittelt, $M_{\mathrm{max}}(u)$ kann mittels des zugehörigen Pfadverlustes L und mit Hilfe von Gleichung (4.8) berechnet werden und N kann ebenfalls gemessen werden.

5.4 Algorithmen unter Berücksichtigung des Uplink Dynamikbereichs

---

[5]In Gleichung (5.10) vernachlässigen wir den Term $10 \log_{10}(\frac{W}{N})$, da sich die Empfangsleistungsbedingung aus Gleichung (5.15) auf einen PRB bezieht.

Pseudocode 5 Adaption der Parameter P_0 und α für einen Sektor, durchgeführt von jedem Sektor

---

Eingabe: $\mathcal{L}$, P_{max}, $\hat{P}_{rx,min}$, und tatsächlich verfügbarer DU
1: Berechne $\mathcal{O}$ mittels der Gleichungen (5.13) und (5.14) (für den modifizierten ressourcenfairen Scheduler), d.h. wir erhalten α_{min}, α^*, $P_{0,min}(\alpha)$ und $P_{0,max}(\alpha)$
2: **falls** $\alpha < \max\{\alpha_{min}, \alpha^*\}$ **dann**
3: $\quad \alpha \leftarrow \max\{\alpha_{min}, \alpha^*\}$
4: **ende falls**
5: **falls** $P_0 > P_{0,max}(\alpha)$ **dann**
6: $\quad P_0 \leftarrow P_{0,max}(\alpha)$
7: **ende falls**
8: **falls** $P_0 < P_{0,min}(\alpha)$ **dann**
9: $\quad P_0 \leftarrow P_{0,min}(\alpha)$
10: **ende falls**

Die oben gewonnen Erkenntnisse können dazu verwendet werden, die in Kapitel 4 präsentierten Algorithmen um den Aspekt zu erweitern, dass sie die Parameter P_0 und α der LTE UL SLR so einstellen, dass der UL Dynamikbereich der Sektoren stets unter einem festgelegtem Maximalwert bleibt. Eine solche Erweiterung wollen wir für den Algorithmus DLUL-CD vorschlagen und evaluieren.

Nach jeder Veränderung der Einstellung der Neigungen berechnet der DLUL-CD Algorithmus nach Pseudocode 2 die Clusterkosten $\Phi_{\mathcal{C}}^w$ (siehe Zeilen 5, 10, 11 und 19 in Pseudocode 2). In diesem Zuge lassen wir den Algorithmus ebenfalls die Parameter P_0 und α nach Pseudocode 5 anpassen, d.h. der Pseudocode 5 wird in den erwähnten Zeilen von Pseudocode 2 nach der Neigungsänderung, jedoch vor der Berechnung der Kosten, von jedem Sektor zusätzlich ausgeführt. Im Pseudocode 5 sind $P_{0,min}(\alpha)$ und $P_{0,max}(\alpha)$ die minimalen bzw. maximalen Werte nach den Linien P1 und D2 von Abbildung 5.2. Der Pseudocode berechnet den Operationsbereich $\mathcal{O}$ des Sektors und verschiebt danach zuerst den Parameter α und darauf den Parameter P_0 nach $\mathcal{O}$, wenn diese nicht bereits schon in $\mathcal{O}$ lagen. Wir bezeichnen den Algorithmus, welcher durch die hier beschriebene Erweiterung des DLUL-CD Algorithmus entsteht als **DLUL-CD-SLR**. Wir möchten darauf hinweisen, dass sich die Linien P1 und D2 von Abbildung 5.2 auch schon vor der Linie D1 schneiden können, d.h. es kann sein, dass $\alpha^* > \alpha_{min}$. Daher verschiebt der Pseudocode 5 α zunächst zu $\max\{\alpha_{min}, \alpha^*\}$, falls $(P_0, \alpha) \notin \mathcal{O}$. Weiterhin möchten wir darauf hinweisen, dass wir für diese Erweiterung nicht das in Kapitel 4 vorgeschlagene Konzept verwenden, da wir Aufgrund der in

Abschnitt 5.2 präsentierten Gleichungen den Zusammenhang zwischen der aktuellen Pfadverlustverteilung und dem UL Dynamikbereich kennen. Wir können den Einfluss einer Änderung der Parameter P_0 oder α modellieren und sind daher nicht auf einen Ansatz für geringes Systemwissen angewiesen.

Weiterhin möchten wir bemerken, dass wir in dieser Arbeit den Einfluss der vorgeschlagenen Anpassung der Parameter P_0 und α auf den UL Datendurchsatz nicht untersuchen können. Der Grund ist, dass unser Systemmodel (vorgestellt im Abschnitt 4.1) eine Verschlechterung des Datendurchsatzes aufgrund eines zu hohen UL Dynamikbereichs nicht modelliert. Dementsprechend verursachen hohe UL Dynamikbereiche in unseren Simulationen keinerlei Verschlechterungen im UL Datendurchsatz. Dadurch ist die Adaption der Parameter P_0 und α an den UL Dynamikbereich in den Simulationen bzgl. des UL Datendurchsatzes im wesentlichen nur eine zusätzliche Einschränkung in der Selbstorganisation. In einem realen Netz würde diesem negativen Effekt jedoch der Vorteil entgegen stehen, dass gute UL Datendurchsätze auch am Zellrand möglich sind, weil der UL Dynamikbereich geringer als der tatsächlich verfügbare DU ist. Zu unserem besten Wissen gibt es kein Model auf Systemebene, welches neben dem Datendurchsatz und der Netzabdeckung auch die Effekte eines zu großen UL Dynamikbereichs modelliert.

Nichtsdestotrotz führen wir die im Folgenden präsentieren Simulationen durch, um zumindest den Einfluss des Algorithmus DLUL-CD-SLR auf die UL Dynamikbereiche der BSs untersuchen zu können.

5.5 Simulation und Ergebnisse

Da, wie im obigen Abschnitt erwähnt, das Systemmodel den Einfluss des UL Dynamikbereichs auf den Datendurchsatz nicht modelliert, ist es nur sehr beschränkt nützlich den Datendurchsatz in einer Simulation auszuwerten. Daher simulieren wir nicht den DLUL-CD-SLR Algorithmus, sondern wenden nur den Pseudocode 5 auf die vom Algorithmus DLUL-CD in den Simulationen von Kapitel 4 vorgeschlagenen Einstellungen der Neigungen an und fokussieren unsere Auswertung auf den UL Dynamikbereich. Das heißt, dass wir nach jedem Iterationsschritt des DLUL-CD Algorithmus für jeden Sektor den Operationsbereich $\mathcal{O}$ berechnen und die Parameter P_0 und α nach Algorithmus 5 anpassen, falls diese nicht innerhalb des Operationsbereichs

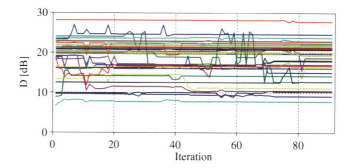

Abb. 5.3. Der UL Dynamikbereich aller für die Selbstorganisation betrachteten Sektoren in $\mathcal{R}_{TA}$ (35 Stück) berechnet nach Gleichung (5.1) während der ersten 90 Iterationen der Selbstorganisation nach Algorithmus DLUL-CD für ein zufällig gewähltes Szenario der Nutzerverteilung. Für diese Simulation wurden die Parameter $P_0 = -91\,\mathrm{dBm}$ und $\alpha = 0.8$ verwendet und die Neigungen haben die initiale Einstellung aus Kapitel 4. Jede Linie steht für einen anderen Sektor. Es ist zu erkennen, dass viele Sektoren einen hohen UL Dynamikbereich von über 20 dB haben, was je nach Link-Budget des AD-Wandlers zu einer Verschlechterung der Netzgüte für die Nutzer am Zellrand führen kann.

liegen.

Als Simulationsszenario wählen wir das gleiche Szenario wie in Kapitel 4, Abschnitt 4.4.1 präsentiert. Der Pseudocode 5 wird in jedem Sektor ausgeführt. Dadurch erhalten wir bereits bei der Simulation eines Szenarios die Ergebnisse für 35 Sektoren (dies sind alle zur Selbstorganisation betrachtete Sektoren, siehe Abb. 4.1). Da es Zweck dieser Simulation ist, eine Untersuchung der Funktionsweise von Pseudocode 5 und dessen Einfluss auf die UL Dynamikbereiche der Sektoren durchzuführen, genügen uns die Ergebnisse von 35 Sektoren für den Verlauf einer Selbstorganisation.

Die Ergebnisse für die weiteren Nutzerverteilungen würden gleichartig sein, da die zugrundeliegenden Gleichungen für die Berechnung des Operationsbereiches $\mathcal{O}$ unabhängig von der Nutzerverteilung gelten.

In Abbildung 5.3 präsentieren wir die UL Dynamikbereiche nach Gleichung (5.1) für den Algorithmus DLUL-CD für alle Sektoren in $\mathcal{R}_{TA}$. In diesem Algorithmus ist die SLR konstant, d.h. $P_0 = -91\,\mathrm{dBm}$ und $\alpha = 0.8$ für alle Sektoren und Iterationen. Zu sehen ist, dass ohne die Selbstorganisation der Parameter P_0 und α der UL Dynamikbereich in manchen Sektoren Werte über $20\,\mathrm{dB}$ annehmen, was je nach Link-Budget des AD-Wandlers zu einer Verschlechterung der Netzgüte für die Nutzer am Zellrand führen kann.

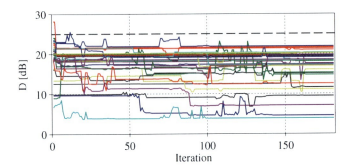

(a) Als Grundlage für die Berechnung des Operationsbereiches verwenden wir ein Limit von 25 dB oder für den UL Dynamikbereich.

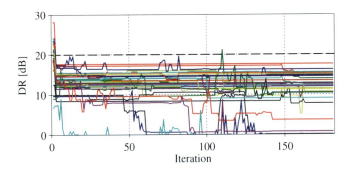

(b) Als Grundlage für die Berechnung des Operationsbereiches verwenden wir ein Limit von 20 dB oder für den UL Dynamikbereich.

Abb. 5.4. Der UL Dynamikbereich für alle Sektoren in $\mathcal{R}_{\mathcal{TA}}$ berechnet nach Gleichung (5.1) während der ersten 90 Iterationen der Selbstorganisation nach Algorithmus DLUL-CD, wobei nach jeder Iteration der Pseudocode 5 ausgeführt wird, was als zusätzliche Iteration gezählt wird. Jede Linie steht für einen anderen Sektor. Die schwarz gestrichelten Linien zeigen jeweils den maximal zugelassenen UL Dynamikbereich an.

Um die Wirksamkeit von Pseudocode 5 zu untersuchen, führen wir den Pseudocode nach jeder Iteration des Algorithmus DLUL-CD aus. Die möglichen Veränderungen der Parameter P_0 und α verändern nicht nur den UL Dynamikbereich, sondern auch die UL Netzabdeckung und das UL Perzentil, was wiederum den Verlauf der Suche nach einer besseren Einstellung der Neigungen verändern kann. Da aber, wie erwähnt, die Veränderung des UL Perzentils mit einem veränderten UL Dynamikbereich vom Systemmodel nicht korrekt dargestellt wird, belassen wir den Verlauf der Suche konstant, d.h. es werden die gleichen Einstellungen der Neigungen durchlaufen wie bei der Anwendung des DLUL-CD Algorithmus ohne Änderungen. Nur die Parameter P_0 und α werden nach jeder Iteration verändert. Diesen Schritt deklarieren wir als zusätzliche Iteration, so dass sich die Gesamtzahl der Iterationen verdoppelt. Diese Simulation führen wir einmal für eine obere Grenze des UL Dynamikbereichs von $25\,\mathrm{dB}$ und einmal für $20\,\mathrm{dB}$ aus. Wir präsentieren die Ergebnisse für den UL Dynamikbereich jeweils in den Abbildungen 5.4a und 5.4b. Zu sehen ist, dass durch die Verwendung von Pseudocode 5 der UL Dynamikbereich der Sektoren unter die jeweilige obere Grenze verschoben wird, wenn dies zu Beginn der Selbstorganisation noch nicht der Fall war. Jedoch ist für manche Sektoren der UL Dynamikbereich für einige Iterationen größer als die obere Grenze. Dies entsteht durch die veränderten Pfadverlustverteilungen nach Neigungsänderungen. Zu sehen ist allerdings auch, dass die Anpassung der SLR in der darauffolgenden Iteration den UL Dynamikbereich sofort wieder unter die obere Grenze verschiebt. Weiterhin können wir beobachten, dass der UL Dynamikbereich mancher Sektoren stärker verringert wird als es nötig wäre. Dies ist dadurch verursacht, dass die zur Berechnung des Operationsbereichs zugrundeliegende Gleichung 5.13 nur eine obere Schranke ist. Daher können die Parameter P_0 und α unter Umständen mehr als nötig zu kleinen UL Dynamikbereichen hin verändert werden.

Wir können schlussfolgern, dass es mithilfe der Berechnung des Operationsbereiches und der Anwendung von Pseudocode 5 möglich ist, die neigungsbasierte SND um dem Aspekt zu erweitern, dass der UL Dynamikbereich aller Sektoren nach oben begrenzt wird. Dies verbessert die Netzgüte für Nutzer am Zellrand, da deren Signale so nicht von stärkeren Signalen andere Nutzer im AD-Wandler übertönt werden.

5.6 Wesentliche Beiträge Jenseits des Stands der Technik

Die in diesem Kapitel präsentierten Ergebnisse gehen über den Stand der Technik in den folgenden Aspekten wesentlich hinaus:

- Erstmalig leiten wir eine mathematische Lösung für den UL Dynamikbereich eines Sektors als Funktion der Parameter P_0 und α der LTE UL SLR her. Einen solchen Zusammenhang gibt es im Stand der Technik bisher noch nicht.

- Aus der erwähnten Lösung leiten wir weiterhin einen Operationsbereich für die Parameter P_0 und α ab. Liegt das Tupel (P_0, α) innerhalb des Operationsbereichs, so sind die dem Operationsbereich zugrundeliegenden Anforderungen an den UL Dynamikbereich und an die UL Netzabdeckung erfüllt.

- Erstmalig entwerfen wir ein SON Algorithmus, welcher den UL Dynamikbereich der Sektoren unter einem gewissen Maximalwert hält oder senkt indem die Parameter P_0 und α adaptiert werden. Eine solche Selbstorganisation gibt es im Stand der Technik ebenfalls noch nicht. In einer Simulation zeigen wir, dass der SON Algorithmus im gewählten Szenario den UL Dynamikbereich der Sektoren, welcher zu Beginn der Simulation Werte von bis zu $28.1\,\text{dB}$ annimmt, unter einem Maximalwert von $25\,\text{dB}$ bzw. $20\,\text{dB}$ halten oder senken kann.

Fazit

In Anbetracht des stetig steigenden Datenbedarfs, der steigenden Komplexität und Inhomogenität der Mobilfunknetze widmet sich diese Arbeit dem Feld der Selbstorganisation der Mobilfunknetze. Wir schlagen ein Konzept zur gleichzeitigen Selbstorganisation mehrerer Leistungskennzahlen vor, welches dafür ausgelegt ist bei geringem Systemwissen angewandt zu werden. Wir stufen das vorhandene Systemwissen als gering ein, wenn nicht genügend Informationen über das Netz vorhanden sind, um es mithilfe eines Modells in einer Simulation abbilden zu können. Da es ohne eine Simulation nicht möglich ist die Werte der Leistungskennzahlen für bestimmte Einstellungen der Netzparameter vorherzusagen, bedarf die Selbstorganisation unter geringem Systemwissen gesonderter Lösungen. Das vorgeschlagene Konzept adressiert diesen Problemfall, indem es (i) das Netz in einer online Selbstorganisation adaptiert, (ii) dabei die Dienstgüte des Netzes mittels leistungskennzahlspezifischen Kostenfunktionen bewertet und (iii) für die Parameteradaption die Suchmethoden Coordinate Descent oder Simulated Annealing verwendet. Weiterhin wendet diese Arbeit das vorgeschlagene Konzept für den Anwendungsfall der neigungsbasierten Selbstorganisation der Netzabdeckung und des Datendurchsatzes an. Dabei schlagen wir erstmalig Algorithmen für diesen Anwendungsfall vor, welche die Aufwärts- als auch Abwärtsübertragungsstrecke simultan betrachten. Auf Grundlage von Simulationen in einem innerstädtischen Long-Term Evolution Szenario mit realistischen Basisstationslokalitäten können wir schlussfolgern, dass die simultane Betrachtung der Aufwärts- und Abwärtsübertragungsstrecke der alleinigen Selbstorganisation nur einer Übertragungsstrecke überlegen ist und dass, besonders bei der Anwendung der Simulated Annealing Methode, die online Selbstorganisation im Vergleich zu einer offline Selbstorganisation gute Ergebnisse erzielt. Aufgrund der erfolgreichen Simulationen schlussfolgern wir, dass das vorgeschlagene Konzept zur Selbstorganisation mehrerer Leistungskennzahlen anwendbar ist. Eine Untersuchung des Einflusses der Kostenfunktionen auf die Ergebnisse der Selbstorganisation lässt uns weiterhin entnehmen, dass wir die Prioritäten zwischen den verschiedenen Leistungskennzahlen kontinuierlich anpassen können. Außerdem diskutieren wir Aspekte der Anwendung in der Praxis für die vorgeschlagenen Algorithmen. Fazit dieser Diskussionen ist, dass die

Algorithmen eine hohe Anwendbarkeit in der Praxis haben. Der wesentliche Nachteil der vorgeschlagenen Algorithmen ist, dass deren Selbstorganisation im Vergleich zu Algorithmen, welche viel Wissen über das System verwenden können, länger andauert. Da die vorgeschlagenen Algorithmen für eine online Selbstorganisation ausgelegt sind, messen sie nach jeder Anpassung der Neigungen die Leistungskennzahlen neu, was wesentlich länger dauert, als die Berechnung der Leistungskennzahlen mittels einer Simulation. Die nötige Dauer für das Messen der Leistungskennzahlen hängt stark vom Szenario ab und kann im Bereich von einigen Minuten bis hin zu mehren Tagen liegen. Basierend auf den erarbeiteten Aspekten der praktischen Anwendbarkeit sowie den Simulationsergebnissen können wir das Fazit ziehen, dass auf dem Feld der neigungsbasierten Selbstorganisation der Netzabdeckung und des Datendurchsatzes eine online Selbstorganisation eine adäquate Alternative zur offline Selbstorganisation darstellt.

Weiterhin betrachtet diese Arbeit die Auswirkungen eines hohen Dynamikbereichs der Empfangsleistungen in der Aufwärtsübertragungsstrecke an Long-Term Evolution Basisstationen. Es wird dargelegt, dass bei einem zu großen Dynamikbereich der Empfangsleistungen in der Aufwärtsübertragungsstrecke die schwachen Signale von Nutzern, welche sich am Zellrand aufhalten, aufgrund der beschränkten Auflösung des Analog-Digital-Wandlers durch die starken Signale von Nutzern, welche Nahe an der Basisstation lokalisiert sind, übertönt werden können. Um dies zu vermeiden schlagen wir vor die Parameter P_0 und α der Long-Term Evolution Sendeleistungsreglung für die Aufwärtsübertragungsstrecke so anzupassen, dass der Dynamikbereichs der Empfangsleistungen an den Basisstationen nicht den tatsächlich verfügbaren Dynamikumfang des Analog-Digital-Wandlers übersteigt. Wir leiten den Dynamikbereich der Empfangsleistungen eines Sektors als Funktion der Parameter P_0 und α für den ressourcenfairen und modifizierten ressorucenfairen Scheduler her. Wir können schlussfolgern, dass die Bedingung, dass der Dynamikbereich der Empfangsleistungen unter einem gewissen Maximum liegen soll in Kombination mit einer Empfangsleistungsbedingung in der Aufwärtsübertragung zu einem geschlossenen Operationsbereich führt. In diesem Bereich erfüllt die Wahl der benannten Parameter beide Bedingungen. Auf der Grundlage von weiteren Simulationsergebnissen können wir ableiten, dass es durch die Selbstorganisation der Parameter P_0 und α möglich ist den Dynamikbereich der Empfangsleistungen effektiv zu begrenzen und somit eine adäquate Dienstgüte der Nutzer am Zellrad zu gewährleisten.

Anhang | A

A.1 Herleitung einer Lösung für den Uplink Dynamikbereich

Das 95. Perzentil der Empfangsleistungsverteilung eines Sektors kann geschrieben werden als

$$Q^{95}(\hat{\mathcal{P}}_{\text{rx}}) = Q^{95}\left(\min\{P_{\max}, P_0 + \alpha\mathcal{L} + 10\,\log_{10}\mathcal{M}\} - \mathcal{L}\right). \tag{A.1}$$

Um den UL Dynamikbereich klar in Abhängigkeit von P_0 und α darstellen zu können, muss der Perzentiloperator direkt auf die Mengen $\mathcal{L}$ und $\mathcal{M}$ wirken. Jedoch können wir den Perzentiloperator nicht einfach in den min-Operator ziehen. Um dieses Problem zu lösen, führen wir einen tropischen Halbring $(\mathbb{R} \cup \{\infty\}, \oplus, \otimes)$, auch bekannt als min-plus Algebra, ein. In diesem Halbring sind die grundlegenden arithmetischen Operationen der Addition und Subtraktion von reellen Zahlen $x, y \in \mathbb{R}$ neu definiert als $x \oplus y := \min(x, y)$ und $x \otimes y := x + y$. Ein tropisches Monom ist jedes Produkt von Variablen $x_1, x_2, \ldots x_q$ eines tropischen Halbrings $(\mathbb{R} \cup \{\infty\}, \oplus, \otimes)$, wobei Wiederholung erlaubt ist. Ein tropisches Polynom p ist eine finite Linearkombination von tropischen Monomen. Jedes tropische Polynom repräsentiert die Funktion $\mathbb{R}^q \to \mathbb{R}$, d.h. $p : \mathbb{R}^q \to \mathbb{R}$. Von [MS13] wissen wir, dass die Funktion p die folgenden Eigenschaften hat:

1. kontinuierlich,
2. stückweise linear mit einer finiten Anzahl an Stücken, und
3. konkav.

Wir können erkennen, dass die Funktion $\min\{P_{\max}, P_0 + \alpha\mathcal{L} + 10\,\log_{10}\mathcal{M}\} - \mathcal{L}$ ein tropisches Polynom ist, welches, wie p, die obigen Eigenschaften erfüllt. Weiterhin ist $Q^{95}(\cdot)$ eine lineare Funktion[1]. Daher können wir Gleichung (A.1) mittels der Verwendung des tropischen Halbrings zu

$$Q^{95}(\hat{\mathcal{P}}_{\text{rx}}) = Q^{95}\left((P_{\max} \oplus (P_0 \otimes \alpha\mathcal{L} \otimes 10\,\log_{10}\mathcal{M})) \otimes \mathcal{L}'\right) \tag{A.2}$$

---

[1]Das Perzentil kann als eine lineare Interpolation zwischen den nächsten Elementen einer geordneten Reihe definiert werden, was eine lineare Operation ist [HF96].

umformen, wobei $\mathcal{L}' = -\mathcal{L}$, da Subtraktion im tropischen Halbring nicht definiert ist. Da $P_{\max}$, P_0 und α Konstanten sind, können wir Gleichung (A.2) weiter zu

$$Q^{95}(\hat{\mathcal{P}}_{rx}) = Q^{95}\left((P_{\max} \otimes \mathcal{L}') \oplus (P_0 \otimes \alpha\mathcal{L} \otimes 10 \log_{10}\mathcal{M} \otimes \mathcal{L}')\right) \qquad (A.3)$$
$$= \left(P_{\max} \otimes Q^{95}(\mathcal{L}')\right) \oplus \left(P_0 \otimes \alpha Q^{95}(\mathcal{L}) \otimes 10 \log_{10}(Q^{95}(\mathcal{M})) \otimes Q^{95}(\mathcal{L}')\right)$$
$$= \left(P_{\max} \oplus (P_0 \otimes \alpha Q^{95}(\mathcal{L}) \otimes 10 \log_{10} Q^{95}(\mathcal{M}))\right) \otimes Q^{95}(\mathcal{L}')$$

umformen. Überführen wir dies wieder in die konventionelle Algebra, so können wir

$$Q^{95}(\hat{\mathcal{P}}_{rx}) = \min\{P_{\max}, P_0 + \alpha Q^{95}(\mathcal{L}) + 10 \log_{10} Q^{95}(\mathcal{M})\} - Q^{95}(\mathcal{L}) \qquad (A.4)$$

schreiben.

Abkürzungsverzeichnis

3GPP 3rd Generation Partnership Programm

AD-Wandler Analog-Digital-Wandler

BS Basisstation

CCO Coverage and Capacity Optimization (deutsch Netzabdeckungs- und Datendurchsatzoptimierung, NDO)

CD Coordinate Descent

CDF Kumulierte Verteilungsfunktion, engl. Cumulative Distribution Function

DL Abwärtsübertragung, engl. Downlink

DU Dynamikumfang

ENOB Effektive Anzahl von Bits, engl. Effective Number of Bits

FDD Frequenzduplex, engl. Frequency Division Duplex

FDMA Frequency Devision Mulitple Access

HS Nutzerkonzentration, engl. Hot Spot

LKZ Leistungskennzahl, engl. Key Performance Indicator

LTE Long Term Evolution

NGMN Next Generation Mobile Networks

OFDMA Orthogonal Frequency Devision Multiple Access

OND Optimierung der Netzabdeckung und des Datendurchsatzes, engl. Coverage and Capacity Optimization, CCO

PAPR Verhältnis von Spitzenleistung zu der mittleren Leistung eines Signals, engl. Peak-to-Average Power Ratio

PRB Physikalischer Ressourcenblock, engl. Physical Resource Block

SA Simulated Annealing

SC-FDMA Einzelträger Frequenzmultiplexverfahren, engl. Single Carrier Frequency-Division Multiple Access

SINR Signal-zu-Interferenz-und-Rauschen-Rate, engl. Signal-to-interference-and-noise-ratio

SLR Sendeleistungsreglung

SND	Selbstorganisation der Netzabdeckung und des Datendurchsatzes
SNR	Signal-zu-Rauschen-Rate, engl. Signal-to-Noise-Ratio
SON	Selbstorganisiertes Netzwerk
TDD	Multiplexverfahren Zeitduplex, engl. Time Division Duplex
UL	Aufwärtsübertragung, engl. Uplink
UMTS	Universal Mobile Telecommunications System

Abbildungsverzeichnis

Tabellenverzeichnis

Literaturverzeichnis

[3gp]   *Uplink Power Control for E-UTRA – Range and Representation of P0.*
           Technical Report R1-074850. Ericsson, 2007 (zitiert auf Seite 99).

[AJ10]   F. Athley und M. N. Johansson. „Impact of Electrical and Mechanical
           Antenna Tilt on LTE Downlink System Performance". In: *IEEE Vehicu-
           lar Technology Conference (VTC Spring).* Taipei, 2010 (zitiert auf den
           Seiten 3, 13, 25).

[Alt+14]   Z. Altman, S. Sallem, R. Nasri, B. Sayrac und M. Clerc. „Particle swarm
           optimization for Mobility Load Balancing SON in LTE networks". In: *Wi-
           reless Communications and Networking Conference Workshops (WCNCW),
           IEEE.* 2014, S. 172–177.

[Ami+11]   M. Amirijoo, L. Jorguseski, R. Litjens und L.C. Schmelz. „Cell Outage
           Compensation in LTE Networks: Algorithms and Performance Assess-
           ment". In: *IEEE Vehicular Technology Conference (VTC Spring).* 2011,
           S. 1–5 (zitiert auf Seite 15).

[Ber+08]   J. L. van den Berg, R. Letjens, A. Eisenblätter et al. *Self-Organisation in
           Future Mobile Communication Networks.* 2008. URL: http://www.fp7-
           socrates.eu/files/Publications/SOCRATES_2008_ICT%20Mobile%
           20Summit.pdf (besucht am 7. Jan. 2015) (zitiert auf den Seiten 2, 13).

[Ber+13a] S. Berger, M. Soszka, A. Fehske et al. „Joint throughput and coverage
           optimization under sparse system knowledge in LTE-A networks". In:
           International Conference on ICT Convergence (ICTC). 2013, S. 105–111
           (zitiert auf den Seiten 6, 7, 29, 35, 40).

[Ber+13b] S. Berger, Zhanhong Lu, R. Irmer und G. Fettweis. „Modelling the impact
           of downlink CoMP in a realistic scenario". In: *Wireless Communications
           and Networking Conference (WCNC).* 2013, S. 3932–3936.

[Ber+13c] S. Berger, A. Fehske, P. Zanier, I. Viering und G. Fettweis. „On the ad-
           vantages of location resolved input data for throughput optimization
           algorithms in self-organizing wireless networks". In: *Globecom Work-
           shops (GC Wkshps).* 2013, S. 288–292.

[Ber+13d] S. Berger, P. Zanier, M. Soszka et al. „What is the advantage of cooperation in self-organizing networks?" In: *Wireless Days (WD)*. 2013, S. 1–6
(zitiert auf Seite 35).

[Ber+14b] S. Berger, B. Almeroth, V. Suryaprakash et al. „Dynamic Range-Aware
Uplink Transmit Power Control in LTE Networks: Establishing an Operational Range for LTE's Open-Loop Transmit Power Control Parameters
(α, P_0)". In: *Wireless Communications Letters* 3.5 (2014), S. 521–524
(zitiert auf den Seiten 90, 92).

[Ber+14c] S. Berger, M. Danneberg, P. Zanier, I. Viering und G. Fettweis. „Expe-
rimental Evaluation of the Uplink Dynamic Range Threshold". 2014.
Angenommen zur Veröffentlichung in EURASIP Journal on Wireless
Communications and Networking (zitiert auf den Seiten 90, 92).

[Ber+14d] S. Berger, A. Fehske, P. Zanier, I. Viering und G. Fettweis. „Online
Antenna Tilt-Based Capacity and Coverage Optimization". In: *Wireless
Communications Letters* 3.4 (2014), S. 437–440 (zitiert auf den Seiten 6,
7, 17, 35, 40).

[Ber+15] S. Berger, M. Simsek, A. Fehske et al. „Joint Downlink and Uplink Tilt-
Based Self-Organization of Coverage and Capacity Under Sparse System
Knowledge". In: *IEEE Transactions on Vehicular Technology* PP.99 (2015),
S. 1–1 (zitiert auf den Seiten 6, 7, 17, 27, 33, 35, 40).

[BFF12] S. Berger, A. Fehske und G. Fettweis. „Force field based joint optimization
of strictly monotonic KPIs in wireless networks". In: *Wireless Days (WD)*.
2012, S. 1–6 (zitiert auf Seite 35).

[BG08] E. Bogenfeld und I. Gaspard. *A White Paper by the FP7 project End-to-End
Efficiency (E3)*. 2008. URL: https://ict-e3.eu/project/white_
papers/Self-x_WhitePaper_Final_v1.0.pdf (besucht am 5. Jan.
2015) (zitiert auf Seite 1).

[BR11] O. Bulakci und S. Redana. „Impact of power control optimization on
the system performance of relay based LTE-Advanced heterogeneous
networks". In: *Journal of Communications and Networks* 13.4 (2011),
S. 345–359 (zitiert auf den Seiten 89, 90).

[Bul+13] O. Bulakci, A. Awada, A. Saleh, S. Redana und J. Hamalainen. „Automated uplink power control optimization in LTE-Advanced relay networks".
In: *EURASIP Journal on Wireless Communications and Networking* 2013.1
(2013), S. 8 (zitiert auf den Seiten 15, 26).

[Cd] *Coordinate Descent*. URL: http://en.wikipedia.org/wiki/Coordinat
e_descent (besucht am 12. Jan. 2015) (zitiert auf den Seiten 29, 41,
42).

[DB05]   C.J. Debono und J.K. Buhagiar. „Cellular network coverage optimization through the application of self-organizing neural networks". In: *IEEE Vehicular Technology Conference*. Bd. 4. 2005, S. 2158–2162 (zitiert auf Seite 15).

[DBR06]   S. K. Das, N. Banerjee und A. Roy. „Solving Optimization Problems in Wireless Networks Using Genetic Algorithms". In: *Handbook of Bioinspired Algorithms and Applications*. Hrsg. von S. Olariu. Hrsg. von A. Y. Zomaya. Hrsg. von O. Olariu. CRC Press, 2006 (zitiert auf Seite 15).

[DDCG05]   F. Ducatelle, G. Di Caro und L. M. Gambardella. „Using Ant Agents to Combine Reactive and Proactive Strategies for Routing in Mobile Ad Hoc Networks". In: *International Journal of Computational Intelligence and Applications* 05.02 (2005), S. 169–184 (zitiert auf Seite 15).

[Deb+14]   S. Deb, P. Monogioudis, J. Miernik und J.P. Seymour. „Algorithms for Enhanced Inter-Cell Interference Coordination (eICIC) in LTE HetNets". In: *IEEE/ACM Transactions on Networking* 22.1 (2014), S. 137–150 (zitiert auf Seite 12).

[Don+14]   L. Dongheon, Z. Sheng, Z. Xiaofeng et al. „Spatial modeling of the traffic density in cellular networks". In: *Wireless Communications, IEEE* 21.1 (2014), S. 80–88 (zitiert auf Seite 1).

[EKG11]   H. Eckhardt, S. Klein und M. Gruber. „Vertical Antenna Tilt Optimization for LTE Base Stations". In: *IEEE Vehicular Technology Conference (VTC Spring)*. 2011, S. 0–4 (zitiert auf den Seiten 6, 15, 23).

[Eng+13]   A Engels, M. Reyer, Xiang Xu et al. „Autonomous Self-Optimization of Coverage and Capacity in LTE Cellular Networks". In: *IEEE Transactions on Vehicular Technology* 62.5 (2013), S. 1989–2004 (zitiert auf den Seiten 5, 13, 15, 22).

[Eri14]   Ericsson. *Heterogeneous Networks (White Paper)*. 2014. URL: http://www.ericsson.com/res/docs/whitepapers/wp-heterogenous-networks.pdf (besucht am 5. Jan. 2015) (zitiert auf Seite 1).

[Feh+14]   A.J. Fehske, I. Viering, J. Voigt et al. „Small-Cell Self-Organizing Wireless Networks". In: *Proceedings of the IEEE* 102.3 (2014), S. 334–350 (zitiert auf Seite 12).

[FF12]   A. J. Fehske und G. P. Fettweis. „Aggregation of variables in load models for interference-coupled cellular data networks". In: *IEEE International Conference on Communications (ICC)*. 2012, S. 5102–5107 (zitiert auf den Seiten 5, 18).

[FH11]   E.L. Folstad und B.E. Helvik. „Failures and changes in cellular access networks; A study of field data". In: *Design of Reliable Communication Networks (DRCN), 2011 8th International Workshop on the*. 2011, S. 132–139 (zitiert auf Seite 1).

[Fre+01]   S. Ben Fredj, T. Bonald, A. Proutiere, G. Régnié und J. W. Roberts. „Statistical Bandwidth Sharing: A Study of Congestion at Flow Level". In: *Conference on Applications, Technologies, Architectures, and Protocols for Computer Communications*. San Diego, California, USA: ACM, 2001, S. 111–122 (zitiert auf Seite 81).

[FS08]   S. Feng und E. Seidel. *Self-Organizing Networks (SON) in 3GPP Long Term Evolution (White Paper)*. 2008. URL: http://www.nomor-research.de/ uploads/gc/TQq/gcTQfDWApo9osPfQwQoBzw/SelfOrganisingNetwo rksInLTE_2008-05.pdf (besucht am 6. Jan. 2015) (zitiert auf den Seiten 13–15).

[Gab+11]   L. Gabriel, M. Grech, F. Kontothanasi et al. „Economic Benefits of SON Features in LTE Networks". In: *IEEE Sarnoff Symposium*. 2011 (zitiert auf Seite 2).

[GC76]   A. J. Gross und V. A. Clark. „Survival Distributions, Reliability Applications in the Biomedical Sciences". In: *Biometrische Zeitschrift* 18.8 (1976), S. 671–671 (zitiert auf Seite 81).

[GD10]   V. Goncalves und S. Delaere. „Business Impact Assessment of Mobile Self-Organising Networks". In: *IEEE Symposium on New Frontiers in Dynamic Spectrum*. 2010 (zitiert auf Seite 3).

[Ger+04]   A Gerdenitsch, S Jakl, YY Chong und M Toeltsch. „A rule-based algorithm for common pilot channel and antenna tilt optimization in UMTS FDD networks". In: *ETRI Journal* (2004), S. 8–13 (zitiert auf den Seiten 5, 15, 23).

[Gha]   *Minimization of Drive Tests (MDT) in 3GPP Release-10*. 2010. URL: http: //blog.3g4g.co.uk/2010/12/minimization-of-drive-tests-mdt-in-3gpp.html (besucht am 4. Juni 2015) (zitiert auf Seite 18).

[Gha+07]   R. GhasemAghaei, M.A. Rahman, W. Gueaieb und A. El Saddik. „Ant Colony-Based Reinforcement Learning Algorithm for Routing in Wireless Sensor Networks". In: *Instrumentation and Measurement Technology Conference Proceedings, IEEE*. 2007, S. 1–6 (zitiert auf Seite 15).

[Goy+10]   M. Goyal, W. Xie, H. Hosseini und Y. Bashir. „AntSens: An Ant Routing Protocol for Large Scale Wireless Sensor Networks". In: *Broadband, Wireless Computing, Communication and Applications (BWCCA), International Conference on*. 2010, S. 41–48 (zitiert auf Seite 15).

[Ham+03]   G. Hampel, K. L. Clarkson, J. D. Hobby und P. A. Polakos. „The tradeoff between coverage and capacity in dynamic optimization of 3G cellular networks". In: *IEEE Vehicular Technology Conference (VTC Fall)*. Bd. 2. 2003, 927–932 Vol.2 (zitiert auf den Seiten 3, 12, 24).

[HF96]   R. J. Hyndman und Y. Fan. „Sample Quantiles in Statistical Packages".
           English. In: *The American Statistician* 50.4 (1996), pp. 361–365 (zitiert
           auf Seite 109).

[HJJ03]   D. Handerson, H. S. Jacobson und A. W. Johnson. Theory und Practice,
           2003, pp. 287–319 (zitiert auf Seite 26).

[Hua+09]   Dong Huang, Xiangming Wen, Bo Wang, Wei Zheng und Yong Sun. „A
           self-optimising neighbor list with priority mechanism based on user
           behavior". In: *Computing, Communication, Control, and Management,
           2009. CCCM 2009. ISECS International Colloquium on*. Bd. 3. 2009,
           S. 144–147 (zitiert auf Seite 12).

[Hua+14]   J. Huang, Y. Yin, Y. Zhao et al. „A Game-Theoretic Resource Allocation
           Approach for Intercell Device-to-Device Communications in Cellular
           Networks". In: *IEEE Transactions on Emerging Topics in Computing* PP.99
           (2014) (zitiert auf Seite 15).

[Ibm]   *IBM ILOG CPLEX Optimization Studio*. URL: http://www-03.ibm.com/
           software/products/en/ibmilogcpleoptistud (zitiert auf Seite 22).

[IMT12a]   M. N. ul Islam und A. Mitschele-Thiel. „Cooperative Fuzzy Q-Learning for
           self-organized coverage and capacity optimization". In: *IEEE Symposium
           on Personal, Indoor and Mobile Radio Communications - (PIMRC)* (Sep.
           2012), S. 1406–1411 (zitiert auf den Seiten 4, 15, 16, 23).

[IMT12b]   M. N. ul Islam und A. Mitschele-Thiel. „Reinforcement learning strategies
           for self-organized coverage and capacity optimization". In: *Wireless
           Communications and Networking Conference (WCNC)*. 2012, S. 2818–
           2823 (zitiert auf den Seiten 4, 15, 16, 23).

[IZ14]   A. Imran und A. Zoha. „Challenges in 5G: how to empower SON with
           big data for enabling 5G". In: *Network, IEEE* 28.6 (2014), S. 27–33
           (zitiert auf Seite 17).

[Kar+13a] D. Karvounas, P. Vlacheas, A. Georgakopoulos et al. „An opportunistic
           approach for coverage and capacity optimization in Self-Organizing Net-
           works". In: *Future Network and Mobile Summit (FutureNetworkSummit)*.
           2013 (zitiert auf den Seiten 5, 15, 22, 26).

[Kar+13b] D. Karvounas, P. Vlacheas, A. Georgakopoulos et al. „An opportunistic
           approach for coverage and capacity optimization in Self-Organizing Net-
           works". In: *Future Network and Mobile Summit (FutureNetworkSummit)*.
           2013, S. 1–10 (zitiert auf Seite 13).

[Kar+13c] D. Karvounas, P. Vlacheas, A. Georgakopoulos et al. „Coverage and Ca-
           pacity Optimization in Heterogeneous Networks (HetNets): A Green
           Approach". In: *Wireless Communication Systems (ISWCS 2013), Procee-
           dings of the Tenth International Symposium on*. 2013, S. 1–5 (zitiert auf
           den Seiten 5, 22).

[KG00]   Kathrein-Werke KG. *Technical Information and New Products*. Sep. 2000 (zitiert auf den Seiten 3, 25).

[KGJV83]   S. Kirkpatrick, C. D. Gelatt Jr und M. P. Vecchi. „Optimization by Simulated Annealing". In: *Science* 220.4598 (1983) (zitiert auf den Seiten 16, 26, 30, 44).

[KGL12]   G.P. Koudouridis, Hui Gao und P. Legg. „A Centralised Approach to Power On-Off Optimisation for Heterogeneous Networks". In: *IEEE Vehicular Technology Conference (VTC Fall)*. 2012, S. 1–5 (zitiert auf den Seiten 15, 26).

[Kif+]   D. W. Kifle, B. Wegmann, I. Viering und A. Klein. In: *International Symposium on Personal Indoor and Mobile Radio Communications (PIMRC)* (zitiert auf den Seiten 3, 13, 25).

[Kle+12]   H. Klessig, A Fehske, G. Fettweis und J. Voigt. „Improving coverage and load conditions through joint adaptation of antenna tilts and cell selection rules in mobile networks". In: *Wireless Communication Systems (ISWCS), 2012 International Symposium on*. 2012, S. 21–25 (zitiert auf den Seiten 5, 12, 13, 15).

[LBS04]   J. Le Boudec und S. Sarafijanović. „An Artificial Immune System Approach to Misbehavior Detection in Mobile Ad Hoc Networks". In: *Biologically Inspired Approaches to Advanced Information Technology*. Springer Berlin Heidelberg, 2004, S. 396–411 (zitiert auf Seite 15).

[Lin]   *Line Search*. URL: http://en.wikipedia.org/wiki/Line_search (besucht am 4. Juni 2015) (zitiert auf Seite 41).

[Lou+14]   T. Louail, M. Lenormand, O. G. Cantú et al. „From mobile phone data to the spatial structure of cities". In: *Scientific Reports* 4.5276 (2014) (zitiert auf Seite 1).

[MS13]   D. Maclagan und B. Sturmfels. „Introduction to Tropical Geometry". 2013 (zitiert auf Seite 109).

[MVM02]   S.M. Matz, L.G. Votta und M. Malkawi. „Analysis of failure and recovery rates in a wireless telecommunications system". In: *Dependable Systems and Networks, 2002. DSN 2002. Proceedings. International Conference on*. 2002, S. 687–693 (zitiert auf Seite 1).

[NM65]   J. A. Nelder und R. Mead. „A simplex method for function minimization". In: *The computer journal* (1965) (zitiert auf Seite 29).

[Nok13]   Nokia. *High Capacity Mobile Broadband for Mass Events*. 2013. URL: http://br.networks.nokia.com/file/25236/high-capacity-mobile-broadband-for-mass-events (besucht am 8. Jan. 2015) (zitiert auf Seite 7).

[PB05]   C. Prehofer und C. Bettstetter. „Self-organization in communication networks: principles and design paradigms". In: *Communications Magazine, IEEE* 43.7 (2005), S. 78–85 (zitiert auf Seite 14).

[PLR15]   B. Partov, D.J. Leith und R. Razavi. „Utility Fair Optimization of Antenna Tilt Angles in LTE Networks". In: *IEEE/ACM Transactions on Networking* 23.1 (2015), S. 175–185.

[PSJ03]   Pubudu N. Pathirana, Andrey V. Savkin und Sanjay Jha. „Mobility Modelling and Trajectory Prediction for Cellular Networks with Mobile Base Stations". In: *Proceedings of the 4th ACM International Symposium on Mobile Ad Hoc Networking &Amp; Computing*. MobiHoc '03. Annapolis, Maryland, USA: ACM, 2003, S. 213–221 (zitiert auf Seite 1).

[Qua11]   Qualcomm. *LTE Advanced: Heterogeneous Networks (White Paper)*. 2011. URL: https://www.qualcomm.com/media/documents/files/lte-heterogeneous-networks.pdf (besucht am 5. Jan. 2015) (zitiert auf Seite 1).

[Ree02]   J. H. Reed. *Software Radio: A Modern Approach to Radio Engineering*. Prentice Hall, 2002 (zitiert auf den Seiten 91, 92).

[RH12]   J. Ramiro und K. Hamied. *Self-organizing Networks; Self-planning, Self-optimization and self-healing for GSM, UMTS and LTE*. John Wiley und Sons, Ltd, 2012 (zitiert auf den Seiten 2, 12).

[RKC10]   R. Razavi, S. Klein und H. Claussen. „Self-optimization of capacity and coverage in LTE networks using a fuzzy reinforcement learning approach". In: *International Symposium on Personal, Indoor and Mobile Radio Communications (PIMRC)*. 2010, S. 1865–1870 (zitiert auf den Seiten 4, 15, 16, 23).

[Roy90]   R. Roy. *A Primer on the Taguchi Method*. Society of Manufacturing Engineers, 1990 (zitiert auf Seite 22).

[SB98]   R. S. Sutton und A. G. Barto. *Reinforcement Learning: An Introduction*. MIT Press, Cambridge, 1998 (zitiert auf den Seiten 16, 23).

[SBC12]   M. Simsek, M. Bennis und A. Czylwik. „Coordinated beam selection in LTE-Advanced HetNets: A reinforcement learning approach". In: *IEEE Globecom Workshops (GC Wkshps)*. 2012, S. 603–607 (zitiert auf Seite 15).

[SC12]   M. Simsek und A. Czylwik. „Improved Decentralized Fuzzy Q-learning for Interference Reduction in Heterogeneous LTE-Networks". In: *International OFDM Workshop 2012 (InOWo'12)*. 2012, S. 1–6 (zitiert auf Seite 15).

[Sch+08a] L. Schmelz, H. van den Berg, R. Litjens et al. *Framework for the development of self-organisation methods Contractual*. Delivery D2.4. SOCRATES (EU FP7 Project), 2008 (zitiert auf den Seiten 12, 13, 17).

[Sch+08b] L.C. Schmelz, J.L. Van Den Berg, R. Litjens, A. Eisenblätter und M. Amirojoo. „Self-configuration, -optimisation and -healing in wireless networks". In: *20th Wireless World Research Forum Meeting*. Ottawa, Kanada, 2008.

[SDBS11] F. Schoonjans, D. De Bacquer und P. Schmid. „Estimation of population percentiles". In: *Epidemiology (Cambridge, Mass)* 22.5 (2011), S. 750–751 (zitiert auf Seite 81).

[sG12] O. Østerbø und O. Grøndalen. „Benefits of Self-Organizing Networks (SON) for Mobile Operators". In: *Journal of Computer Networks and Communications* 2012 (2012) (zitiert auf den Seiten 14, 83).

[She+14] Min Sheng, Chungang Yang, Yan Zhang und Jiandong Li. „Zone-Based Load Balancing in LTE Self-Optimizing Networks: A Game-Theoretic Approach". In: *IEEE Transactions on Vehicular Technology* 63.6 (2014), S. 2916–2925 (zitiert auf Seite 15).

[Sma12] L. Smaini. *RF Analog Impairments Modeling for Communication Systems Simulation: Application to OFDM-based Transceivers*. Wiley, 2012 (zitiert auf Seite 89).

[Sos+15a] M. Soszka, S. Berger, A. Fehske et al. „Coverage and Capacity Optimization in Cellular Radio Networks with Advanced Antennas". In: *ITG Workshop on Smart Antennas (WSA 2015)*. 2015, S. 1–6 (zitiert auf Seite 15).

[Sos+15b] M. Soszka, S. Berger, M. Simsek und G. Fettweis. „Energy Efficency Optimization for 2D Antenna Arrays in Self-Organizing Wireless Networks". 2015. Eingereicht.

[Spa98] J. C. Spall. „Implementation of the simultaneous perturbation algorithm for stochastic optimization". In: *IEEE Transactions on and Electronic Systems* (1998) (zitiert auf Seite 29).

[SVY06] I. Siomina, P. Varbrand und D. Yuan. „Automated optimization of service coverage and base station antenna configuration in UMTS networks". In: *Wireless Communications, IEEE* 13.6 (2006), S. 16–25 (zitiert auf den Seiten 5, 15, 22, 26).

[Tha+12] A. Thampi, D. Kaleshi, P. Randall, W. Featherstone und S. Armour. „A sparse sampling algorithm for self-optimisation of coverage in LTE networks". In: *IEEE International Symposium on Wireless Communication Systems (ISWCS)*. IEEE, 2012 (zitiert auf den Seiten 4, 15, 16, 23).

[VDL09]   I. Viering, M. Dottling und A. Lobinger. „A Mathematical Perspective of Self-Optimizing Wireless Networks". In: *IEEE International Conference on Communications (ICC)*. 2009 (zitiert auf den Seiten 5, 18, 35, 36).

[VLS10]   Ingo Viering, Andreas Lobinger und Szymon Stefanski. „Efficient Uplink Modeling for Dynamic System-Level Simulations of Cellular and Mobile Networks". In: *EURASIP Journal on Wireless Communications and Networking* 2010.1 (2010) (zitiert auf den Seiten 5, 18, 35, 39, 57, 96).

[Wei14]   D. Weisenberger. *How many atoms are there in the world?* 2014. URL: http://education.jlab.org/qa/mathatom_05.html (besucht am 12. Nov. 2014) (zitiert auf Seite 4).

[Zha+10] Heng Zhang, Xue song Qiu, Luo ming Meng und Xi dong Zhang. „Achieving distributed load balancing in self-organizing LTE radio access network with autonomic network management". In: *GLOBECOM Workshops (GC Wkshps)*. 2010, S. 454–459 (zitiert auf Seite 26).

[Zha+14] Zhongshan Zhang, Keping Long, Jianping Wang und F. Dressler. „On Swarm Intelligence Inspired Self-Organized Networking: Its Bionic Mechanisms, Designing Principles and Optimization Approaches". In: *Communications Surveys Tutorials, IEEE* 16.1 (2014), S. 513–537 (zitiert auf Seite 15).

[3GP09]   3GPP Technical Specification Group Radio Access Network, TR 36.814. *Further Advancements for E-UTRA: Physical Layer Aspects (Release 9)*. 3rd Generation Partnership Project, 2009 (zitiert auf Seite 38).

[3GP11]   3GPP Technical Specification Group Radio Access Network, TR 36.902. *Evolved Universal Terrestrial Radio Access (E-UTRA) and Evolved Universal Terrestrial Radio Access Network (E-UTRAN); Self-configuring and self-optimizing network (SON) use cases and solutions (Release 9)*. März 2011 (zitiert auf den Seiten 2, 13).

[3GP14a] 3GPP Technical Specification Group Radio Access Network, TS 36.213. *Evolved Universal Terrestrial Radio Access (E-UTRA); Physical layer procedures (Release 12)*. Techn. Ber. 2014 (zitiert auf den Seiten 13, 37, 38, 89, 90, 98, 99).

[3GP14b] 3GPP Technical Specification Group Radio Access Network, TS 36.300. *Evolved Universal Terrestrial Radio Access (E-UTRA) and Evolved Universal Terrestrial Radio Access Network (E-UTRAN); Overall Description; Stage 2 (Release 12)*. Sep. 2014 (zitiert auf Seite 2).

[3GP14c] 3GPP Technical Specification Group Radio Access Network, TS 36.331. *Evolved Universal Terrestrial Radio Access (E-UTRA); Radio Resource Control (RRC); Protocol specification (Release 12)*. Jan. 2014.

[3GP14d]   3GPP Technical Specification Group Radio Access Network, TS 37.320. *Universal Terrestrial Radio Access (UTRA) and Evolved Universal Terrestrial Radio Access (E-UTRA); Radio measurement collection for Minimization of Drive Tests (MDT); Overall description;* Sep. 2014 (zitiert auf Seite 18).

[3GP14e]   3GPP Technical Specification Group Services and System Aspects, TS 32.500. *Telecommunication Management; Self-Organizing Networks (SON); Concepts and requirements (Release 12).* Dez. 2014 (zitiert auf Seite 2).

[3GP14f]   3GPP Technical Specification Group Services and System Aspects, TS 32.511. *Telecommunication Management; Automatic Neighbour Relation (ANR) management; Concepts and requirements (Release 12).* Okt. 2014 (zitiert auf Seite 2).

[3GP15a]   3GPP Technical Specification Group Radio Access Network, TS 36.321. *Evolved Universal Terrestrial Radio Access (E-UTRA); Medium Access Control (MAC) protocol specification (Release 12).* März 2015 (zitiert auf Seite 95).

[3GP15b]   3GPP Technical Specification Group Radio Access Network, TS 36.401. *Evolved Universal Terrestrial Radio Access (E-UTRA); Architecture description (Release 12).* März 2015 (zitiert auf Seite 82).

[Ele14]   Electronic Communications Commitee. *ECC Report 211 - Technical assessment of the possible use of asymmetrical point-to-point links.* Techn. Ber. 2014 (zitiert auf Seite 7).

[NGM07]   NGMN Alliance. *Next Generation Mobile Networks Use Cases related to Self Organising Network, Overall Description.* Techn. Ber. Mai 2007 (zitiert auf den Seiten 2, 12).

[NGM08]   NGMN Alliance. *Recommendation on SON and O&M Requirements.* Techn. Ber. Juli 2008 (zitiert auf Seite 2).

[NGM10]   NGMN Alliance. *NGMN Top OPE Recommendations.* Techn. Ber. Sep. 2010 (zitiert auf Seite 2).

[Rev12]   Reverb Networks. *Antenna Based Self Optimizing Networks for Coverage and Capacity Optimization (White Paper).* 2012. URL: http://www.reverbnetworks.com/wp-content/uploads/2014/06/Reverb_wp_Antenna-Based-SON-for-CCO_Feb12rs.pdf (besucht am 7. Jan. 2015) (zitiert auf den Seiten 6, 15, 23).

Veröffentlichungen

Fachzeitschriften

[Ber+14b] S. Berger, B. Almeroth, V. Suryaprakash et al. „Dynamic Range-Aware Uplink Transmit Power Control in LTE Networks: Establishing an Operational Range for LTE's Open-Loop Transmit Power Control Parameters (α, P_0)". In: *Wireless Communications Letters* 3.5 (2014), S. 521–524 (zitiert auf den Seiten 90, 92).

[Ber+14c] S. Berger, M. Danneberg, P. Zanier, I. Viering und G. Fettweis. „Experimental Evaluation of the Uplink Dynamic Range Threshold". 2014. Angenommen zur Veröffentlichung in EURASIP Journal on Wireless Communications and Networking (zitiert auf den Seiten 90, 92).

[Ber+14d] S. Berger, A. Fehske, P. Zanier, I. Viering und G. Fettweis. „Online Antenna Tilt-Based Capacity and Coverage Optimization". In: *Wireless Communications Letters* 3.4 (2014), S. 437–440 (zitiert auf den Seiten 6, 7, 17, 35, 40).

[Ber+15] S. Berger, M. Simsek, A. Fehske et al. „Joint Downlink and Uplink Tilt-Based Self-Organization of Coverage and Capacity Under Sparse System Knowledge". In: *IEEE Transactions on Vehicular Technology* PP.99 (2015), S. 1–1 (zitiert auf den Seiten 6, 7, 17, 27, 33, 35, 40).

Konferenzbeiträge

[Ber+13a] S. Berger, M. Soszka, A. Fehske et al. „Joint throughput and coverage optimization under sparse system knowledge in LTE-A networks". In: *International Conference on ICT Convergence (ICTC)*. 2013, S. 105–111 (zitiert auf den Seiten 6, 7, 29, 35, 40).

[Ber+13b] S. Berger, Zhanhong Lu, R. Irmer und G. Fettweis. „Modelling the impact of downlink CoMP in a realistic scenario". In: *Wireless Communications and Networking Conference (WCNC)*. 2013, S. 3932–3936.

[Ber+13c] S. Berger, A. Fehske, P. Zanier, I. Viering und G. Fettweis. „On the advantages of location resolved input data for throughput optimization algorithms in self-organizing wireless networks". In: *Globecom Workshops (GC Wkshps)*. 2013, S. 288–292.

[Ber+13d] S. Berger, P. Zanier, M. Soszka et al. „What is the advantage of cooperation in self-organizing networks?" In: *Wireless Days (WD)*. 2013, S. 1–6 (zitiert auf Seite 35).

[Ber+14a] S. Berger, A. Fehske, P. Zanier, I. Viering und G. Fettweis. „Comparing Online and Offline SON Solutions for Concurrent Capacity and Coverage Optimization". In: *Vehicular Technology Conference (VTC Fall)*. 2014 (zitiert auf den Seiten 5–7, 16, 17, 19, 35, 40).

[BFF12] S. Berger, A. Fehske und G. Fettweis. „Force field based joint optimization of strictly monotonic KPIs in wireless networks". In: *Wireless Days (WD)*. 2012, S. 1–6 (zitiert auf Seite 35).

[Sos+15a] M. Soszka, S. Berger, A. Fehske et al. „Coverage and Capacity Optimization in Cellular Radio Networks with Advanced Antennas". In: *ITG Workshop on Smart Antennas (WSA 2015)*. 2015, S. 1–6 (zitiert auf Seite 15).

[Sos+15b] M. Soszka, S. Berger, M. Simsek und G. Fettweis. „Energy Efficency Optimization for 2D Antenna Arrays in Self-Organizing Wireless Networks". 2015. Eingereicht.

Lebenslauf

Zur Person

Name: Sascha Berger
Geburtsdatum: 6.2.1987
Nationalität: Deutsch
E-mail: saschaberger87@gmail.com

Akademische Abschlüsse

10/2011 - 09/2015 **Technische Universität Dresden, Deutschland**
Doktorand am Vodafone Lehrstuhl für Mobile Nachrichtensysteme

10/2005 - 09/2011 **Technische Universität Dresden, Deutschland**
Dipl.-Phys. (M.Sc.) in Physik
Fokus: Halbleiter- und Laserphysik, Nanotechnologie
Diplomarbeit: DFTB Investigation on Various Molecules

Arbeitserfahrung

10/2011 - **Technische Universität Dresden, Deutschland**
Vodafone Lehrstuhl für Mobile Nachrichtensysteme
Forscher und Projektmanager
Fokus: Selbstorganisierte Netzwerke, LTE Sendeleist-
ungsreglung, Adaptive Antennen

4/2010 - 09/2010   **Webasto Product North America, Inc., Fenton (MI), USA**
Praktikant
Fokus: Entwicklung und Test einer Ladefüllstandsanzeige für einen Phasenübergangsspeicher

10/2008 - 09/2009   **digades GmbH, Zittau, Deutschland**
Praktikant
Fokus: Entwicklung einer Methode zur Datenprozessierung und Datenauswertung einer Benzinfüllstandsanzeige mittels Drucksensoren

2/2009 - 04/2009   **Fraunhofer-Institut für Fertigungstechnik und Angewandte Materialforschung, Dresden, Deutschland**
Studentische Hilfskraft
Fokus: Experimente zur Zugfestigkeit, Härte und Tribologie von Sintermetallen

Auszeichnungen

09/2010   Abschluss des Diploms mit Auszeichnung